生命周期视角下农村沼气工程利益相关者管理研究

——以河南省为例

张 旭 著

U0395114

中国农业出版社

北 京

图书在版编目（CIP）数据

生命周期视角下农村沼气工程利益相关者管理研究：以河南省为例 / 张旭著 . —北京：中国农业出版社，2022.5

ISBN 978-7-109-29361-8

Ⅰ. ①生… Ⅱ. ①张… Ⅲ. ①农村－沼气工程－工程管理－研究－河南 Ⅳ. ①S216.4

中国版本图书馆 CIP 数据核字（2022）第 068832 号

中国农业出版社出版

地址：北京市朝阳区麦子店街 18 号楼

邮编：100125

责任编辑：姚 佳 文字编辑：王佳欣

版式设计：杨 婧 责任校对：刘丽香

印刷：北京中兴印刷有限公司

版次：2022 年 5 月第 1 版

印次：2022 年 5 月北京第 1 次印刷

发行：新华书店北京发行所

开本：720mm×960mm 1/16

印张：11.75

字数：205 千字

定价：78.00 元

出 版 资 助

河南农业大学科技创新基金（人文社会科学类）项目（KJCX2017B01）

前　言

　　21世纪全球面临两大危机：能源紧张和环境污染。随着我国经济高速增长，一次性能源消费日益加快，出现了能源紧缺的状况。同时，传统的生产方式所产生的废弃物几乎重新返回大气层，造成了严重的环境污染。为了解决能源与环境双重危机，农村沼气工程走入大众视野，在政策扶持和资金支持下，在能源安全保障、生产方式转变、农村生态文明等方面发挥了积极作用。在我国，农村沼气工程以基本建设项目为主要运作形式，高度的专业相关性和技术集成性使得任何一个独立个体都无力承担，多主体合作特征十分明显。

　　本书从生命周期视角出发，采用理论分析与实例验证相结合的方法，对农村沼气工程利益相关者管理进行了系统性研究，主要研究内容包含：第一，农村沼气工程的生命周期分析；第二，农村沼气工程利益相关者的识别；第三，立项期利益相关者管理研究；第四，建设期利益相关者管理研究；第五，运营期利益相关者管理研究。总的来说，生命周期视角下农村沼气工程利益相关者管理研究有助于深化利益相关者认识、创新利益相关者管理方式，对于推进农村沼气工程利益相关者管理实践发展有较强的理论意义和实践价值。本书的主要结论如下。

　　农村沼气工程的生命周期分析表明：农村沼气工程是生产沼气并附带沼肥生产的一次性过程，生命周期体现了项目从开始到结束的全流程。如果可以将之划分为一系列阶段的话，就更有利于管理和控制。借鉴PMI、CIOB、ISO、WB、中国建设项目基本程序等生命周期划分方法，农村沼气工程生命周期可以被划分为立项期、建设期和运营期。它们既相互关联，又相对独立，阶段性特点非常突出，主要体现在业务活动、交付成果、资源、利益相关者及其关系上。

农村沼气工程利益相关者的识别表明：农村沼气工程涉及很多利益相关者，当农村沼气工程从上一个阶段进入下一个阶段时，利益相关者有明显的动态演化特征，不仅表现为各阶段利益相关者是不同的；而且表现为各阶段以不同的利益相关者为核心，这是现行的利益相关者管理实践中的诸多问题的根源，主要表现为：立项期，传统的以政府为主导的项目立项决策体系未发生明显改变；建设期，理想状态的"投—建"分离尚未真正实现；运营期，项目业主负载过重使其难以发挥引领功能。

立项期利益相关者管理研究表明：立项期，利益相关者以超网络结构存在，那些参与更多的业务活动且与他者建立更多的联结关系的个体可以在信息传播过程中拥有一定的优势；反之，则犹如限制了它们的消化吸收能力，无法对现有信息进行加工和利用以及对未来信息进行挖掘和赚取。极端情形是，如果边缘群体参与的业务活动不多，且与他者关系有限，必然引起信息非线性转移，加剧信息失衡，甚至产生信息遗漏，有可能产生各方利用彼此间信息不对称来谋求私利的现象。对此，立项期利益相关者超网络模型优化求解了最优解，即将之引入关键性业务活动且与其中既有节点建立起联结关系，可以有效提升个体位势。

建设期利益相关者管理研究表明：建设期，利益相关者以加权网络结构存在。综合度数中心性、中介中心性和接近中心性，可以辨别利益相关者个体位势差异性。优势的个体位势在资源获取能力、资源控制能力和资源传导能力上明显优于他者，且这种优势不仅可以使其继续保持优势，而且可以使其有能力进一步扩大优势，使大量资源向该者集聚的同时，使他者产生资源缺陷，从而强化了他者对其的高度依赖，弱化了他者的规制能力。对于焦点利益相关者来说，可以有选择性地与之实施联合是一种最佳的选择。

运营期利益相关者管理研究表明：运营期，从成本收益视角，视各个利益相关者围绕各项业务活动形成了一条价值链。沼气价格不合理、沼肥施用量不足、废弃物无偿处理、缺乏必要的扶持和干预等必要的利益链接关系的缺失使得项目业主经济内部性不足和经济外部性无法内部化，很容易引起这个复杂经济系统崩溃。与之相对应地，沼气价格规制、沼肥补贴、废弃物有偿处理、集中供气补贴这四种政策变量可以重构利益相关者的利益链接关系，形成新的利益关系格局，从而进一步释放项目运行绩效，且效益增量更加明显。

　　据此，本书凝练了与生命周期各阶段利益相关者特征相适应的利益相关者管理方式，即立项期利益相关者管理应该鼓励参与，建设期利益相关者管理应该实施联合，运营期利益相关者管理应该强调收益分享。

著　者

2021 年 12 月

目　　录

1 绪论

1.1 研究背景及问题的提出

1.1.1 研究背景

21世纪全球面临两大危机:能源紧张和环境污染。随着我国经济高速增长,一次性能源消费速度日益加快,出现了能源紧缺的状况。同时,传统的生产方式所产生的废弃物几乎重新返回大气层和生物圈,造成日益严重的环境污染,特别是农村,以高浓度有机农业废弃物引起的非点源污染最为严重。农作物秸秆肆意燃烧所产生的滚滚浓烟和养殖场粪污随意排放所产生的污水横流随处可见,带来了严重的环境污染。为了解决能源与环境双重危机,农村沼气工程走入大众视野,其基本原理是农林废弃物在有限供氧条件下厌氧发酵产生可燃性的沼气,并产生沼液和沼渣(张承龙,2010)。沼气是一种优质燃料,热值约为23.1兆焦耳/米^3,燃烧最高温度达1 400摄氏度,可以满足农村家庭基本生活用能需要(袁振宏,吕鹏梅,孔晓英,2006)。沼液和沼渣统称沼肥,含有丰富的氮、磷、钾等元素,是一种兼有持效性和速效性的有机肥料(魏伟,张绪坤,2013)。

在我国,农村沼气工程隶属于基本建设项目,自2004年起,中央1号文件都对农村沼气工程提出明确要求,党中央、国务院多次就农村沼气工程议题做重要批示,各地区、各部门积极按照中央部署,推动农村沼气工程快速发展,使之逐渐成长为一项农业现代化标志性产业。国家发展改革委和农业部于2017年联合发布的《全国农村沼气发展"十三五"规划》显示:"十二五"期间,我国累计安排中央预算内投资142亿元助力沼气事业发展。截至2015年底,各级政府支持建设各类沼气工程110 975处。其中,中小型沼气工程103 898处、大型沼气工程6 737处、特大型沼气工程34处、工业废弃物处沼气工程306处。近年,规模化的种植、养殖业发展趋势,多元化的农村生活能源需求和快速的城镇化建设步伐,沼气事业面临着新的挑战。于是,2015年国家调整中央投资方向,重点支持规模化沼气工程建设,沼气事业迈向了以规模发展、综合利用、效益拉动、科技支撑为主要标志的升级转型的新步伐。

沼气事业的升级转型使得农村沼气工程成为主流形式,它是总体沼气池容积在1 000米^{3}以上的,日产气量在300米^{3}以上的,并配备原料发酵预处理系统、沼气净化存贮输送利用系统、沼肥综合利用系统的系统工程，以工业化制取沼气和管道化供应沼气的方式，使农村家庭用上了过去只有城市居民才使用的管道燃气，创造了"两人造气、全村用气、几人造气、联村供气""不见炊烟起，但闻饭菜香"的美景，并以沼肥综合利用为纽带，上联畜禽养殖业、下承种植业和相关的能源产业，发挥了良好的经济、生态、社会等效益，如图1-1。

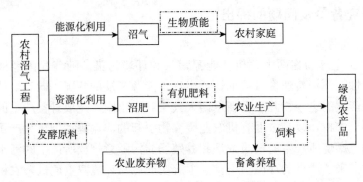

图1-1 农村沼气工程的典型模式

农村沼气工程在能源安全保障、农业生产方式转变、农村生态文明发展等方面发挥了积极作用，却也存在一些隐患：①关键性技术和整体性装备的水平相对落后。领先的技术和装备是沼气行业快速发展的关键要素之一，国际先进做法有原料复配、产气量高；工艺先进、热电联产；自动控制、运营便捷（王淑宝，张国栋，2009）。与之相比，我国的沼气发酵工艺以 USR 或者 CSTR 为主，缺乏系统化、标准化、配套化的技术装备，技术装备整体水平偏低（邓良伟，2008；董仁杰，2013）。②工程质量差，建设规模不匹配。农村沼气工程规模大、投资多、工期长、工序复杂，如果存在施工前准备不足、施工操作与工程特性不匹配、相关设备未及时到位等情况，都会导致施工工期落后，甚至引起施工质量问题，产生经济损失。③产业链条不完整，商品化程度不高。部分国家在沼气产业化发展道路上走到了前列。德国鼓励热电联产，预计沼气发电总装机量在 2020 年可实现 9 500 兆瓦；瑞典是沼气汽车燃料最先进的国家，2004 年就实现了部分火车以沼气提纯气为主要动力（黄黎，2010）。在我国，农村沼气工程生产的沼气主要供给农村家庭，并入天然气管网和提纯灌装甚为少见，沼肥也大多自产自用，商品化程度很低，产业链条不完善。

上述表征因素存在于立项、建设、运营等各环节，且各环节中利益相关者活动都可能对其产生影响：①项目立项环节中政府初衷和养殖企业愿望相背离导致项目设计理念存在偏差。政府的初衷是以先进技术引领沼气行业向纵深发展，并以此带动项目区农村产业结构升级；养殖企业则是为了迎合环境评估和获取项目补助资金，二者相背离使得项目设计理念缺乏对于长期的社会效益的思考，过于注重近期的财务效果，往往借助一个现实的模板出具一个符合行政要求的方案，随意性较强（杜鹏，2000）。②项目建设环节中各主体的经济资源冲突容易引发工程质量问题。经济资源冲突是资源的经济贡献所引起的冲突（锁利铭，马捷，2014）。项目建设依赖各种资源，各种资源在配置过程中的效率过低或者成本过高都会引起主体间的冲突和矛盾，加之各主体的明显的碎片特质，只关心自身利益，使得很多"未尽事宜"或通过协商解决，或通过政府协调，很容易产生项目建设质量问题（何晓晴，2006）。③项目运营环节中业主的正常经营活动与相关人群的生产生活活动相矛盾难以实现沼气产业化。农村沼气工程可持续运营的关键在于更多的现金流入，必然要求提高沼气价格和沼肥价格，而项目区的农业生产方式和生活用能要求则希望价格更加低廉，以降低农业生产成本和家庭日常开支。在现实中，产品定价并非由市场决定，而是在村组织干涉下进行，沼气价格低廉，沼肥甚至可以免费使用，商品化程度极低，造成了沼气产业化发展受阻。

利益相关者管理实践上的突破必须以利益相关者管理理论上的创新为先导。长期以来，我们把吸收借鉴国内外利益相关者管理理论、追踪最新利益相关者管理研究热点作为一项重要工作。然而，利益相关者管理理论起源于 20世纪 60 年代，研究历史尚短，主要研究成果集中于：有的学者认为，应该开展一般利益相关者管理，毫无差异地关注全体利益相关者；有的学者则认为，应该开展关键利益相关者管理，对利益相关者差别对待（Post，Lawrence，et al.，2002）。作为一门实践性很强的学科，这两种管理都过于简单，如果将其运用于现实的项目管理情境中，难以得到令人信服的结论。同时，国内现有研究过多地集中于农村沼气工程的战略选择和战略思考，这种研究满足于既有的逻辑体系和认识框架，而事实是农村沼气工程发展至今，现有的逻辑体系和政策安排已经明显出现力不从心的认识瓶颈。因此，农村沼气工程利益相关者管理呼唤新的理论研究，以期待更好地指导利益相关者管理实践。

1.1.2 问题的提出

农村沼气工程的专业相关性和技术集成性使得任何一个独立个体都无力承担，多主体合作特征十分突出，它不仅是一个巨量的物质性操作活动，而且是一个涉及众多利益相关者的社会性互助活动。这些利益相关者贯穿于立项、建设、运营各环节中，是最活跃的因素，很多项目隐患都是对利益相关者管理不善所造成的。对此，我们有必要开展新的研究：站在一个如何使项目成功的立场上，从项目全流程出发，研究利益相关者管理问题，以建立有效的利益相关者管理方式。换言之，本书是生命周期视角下的村沼气工程利益相关者管理研究。若想深度研究这一问题，就必须接受一些挑战。

（1）如何科学地划分农村沼气工程生命周期。项目管理理论认为，生命周期是项目管理层从宏观上把握项目使命而搭建的总流程，并通过执行流程而完成项目预设目标。阶段性是生命周期最鲜明的特点，有助于实现对项目全流程各阶段进行有效控制。同样，农村沼气工程有生命周期，如何确立生命周期的起点和终点，并对中间经过进行阶段性合理划分，最终实现全流程无缝衔接，这是必须回答的首要问题。

（2）如何准确地识别利益相关者。"谁是利益相关者"是"如何管理利益相关者"的基础和前提，"如果连这个问题都搞不清楚的话，利益相关者管理就无从谈起了"（陈宏辉，2003）。从生命周期出发，在感性认识层面就可以知道各阶段的利益相关者肯定是不一样的，如果忽视了这一现象，很多重要规律也会被忽视和隐藏。因此，如何科学地识别农村沼气工程利益相关者，并揭示利益相关者随生命周期演变的动态演化规律，也是研究者必须回答的问题。

（3）如何科学地管理利益相关者。很多研究表明，项目绩效是利益相关者在各种资源交互行为中创造出来的（Troshani，2007），在很大程度上会受到利益相关者关系影响（Uzzi，1997），建立、评价、优化利益相关者关系正是回答如何管理利益相关者的正确思路（Paruchuri，2010）。因此，在生命周期视角下，结合各阶段利益相关者关系特点，动态性地对农村沼气工程利益相关者关系进行建立、评价和优化，才可以正确地回答利益相关者管理问题。

1.2 研究目的和意义

1.2.1 研究目的

本书是在生命周期视角下，分阶段地开展农村沼气工程利益相关者管理研究，进一步地总结利益相关者管理的对策与建议。本书的主要研究目标如下。

首先，合理地划分农村沼气工程生命周期。农村沼气工程经历了立项、建设、交付、使用直至报废的全流程，这就是它的生命周期。确立生命周期的起点和终点，并对中间环节进行阶段性合理划分，使之无缝衔接并反映项目运行规律，是后续研究的基础。

其次，准确地识别农村沼气工程利益相关者。目前，利益相关者识别方法以提名法和调查问卷法最为常见，这两种方法主观性太强，调查对象的主观差异性会导致利益相关者识别结果的千差万别。因此，采用科学的方法识别利益相关者，以更好地揭示利益相关者随生命周期演变的动态演化规律。

再次，科学地管理农村沼气工程利益相关者。结合生命周期阶段性特点，建立、评价、优化与各阶段特点相适应的利益相关者关系，求解最优解及其实现条件，并结合实际数据对理论分析结果进行实例验证，进一步地提炼利益相关者管理的对策与建议。

1.2.2 研究意义

本书是在生命周期视角下对农村沼气工程利益相关者管理进行的一次科学探索，有一定的理论意义和实际价值。

1.2.2.1 理论意义

第一，完善了农村沼气工程管理体系。学术界证实了利益相关者是项目最重要的因素（沈涛涌，2009），只有利益相关者建立起良好的关系，项目才有可能成功（张露，2009）。然而，农村沼气工程的项目管理理念忽视了对利益相关者管理，本书将利益相关者管理理论应用于现实的项目管理实践中，完善了农村沼气工程管理体系。

第二，拓展了生命周期理论的应用领域。生命周期的哲学思维遍布于各种研究中，但在利益相关者管理研究领域尚有空白。之所以强调用生命周期的哲学思维，是因为它使人们更加清晰地认识利益相关者的特点和规律，以更好地实现利益相关者管理，这种研究领域拓展有一定的学术意义和学科价值。

第三，丰富了利益相关者管理理论。利益相关者管理以建立、评价、优化利益相关者关系为突破口，较多地采用了复杂网络分析方法。本书从生命周期阶段性出发，将超网络模型、复杂加权网络模型、系统动力学模型引入利益相关者关系研究之中，这是对利益相关者关系研究的一次崭新尝试。

1.2.2.2 实践意义

第一，有利于提升项目立项决策水平。立项期利益相关者管理研究成果为利益相关者行使项目决策职能提供了渠道，有利于将各方纳入项目决策体系之中，有针对性地解决了信息的不充分、不对称和不准确，帮助各方做出正确的项目立项决策。

第二，有利于提高项目工程质量。建设期利益相关者管理研究成果寻找到了一种凝聚利益相关者碎片的力量，建立了在尊重各个利益相关者差异性前提下的合作方式，确保了每一个利益相关者的利益都能被照顾到，为解决各方的冲突和矛盾提供了依据和参考。

第三，有利于提高项目运行绩效。运营期利益相关者管理研究成果解决了在不明显降低各方经济利益的前提下，如何有效地提高项目财务效果的问题，在树立了农村沼气工程成为独立市场主体地位的同时，极大程度地争取了利益相关者对项目的满意和认可。

1.3 研究的主要内容

本书以农村沼气工程为研究对象，从生命周期出发，在准确识别利益相关者的基础上，分阶段地研究利益相关者管理问题，最终根据相关研究结论凝练利益相关者管理的对策与建议。研究的主要内容如下。

第一，基础性研究。本部分既是对相关理论的梳理，也是结合实地调研对研究核心问题的一般性阐述，由两部分组成：①理论基础与相关研究综述。对利益相关者理论、超网络理论、复杂网络理论和系统动力学理论等相关理论进行阐述，并对利益相关者识别研究、利益相关者管理研究以及农村沼气工程利益相关者管理研究的文献和成果进行综述，为本书奠定了理论基础，也为研究思路提供了理论支持。②研究区概况与典型案例介绍。本书选取河南省为研究区域，且以该省华润五丰肉类食品有限公司为典型案例进行实例验证。通过对河南省农村沼气工程实施情况的收集和对华润五丰肉类食品有限公司农村沼气工程运行情况的调查，对研究区总体情况和典型案例具体情况进行了梳理和总结。

第二，农村沼气工程的生命周期分析。从农村沼气工程特殊性发出，借鉴PMI、CIOB、ISO、WB、中国建设项目基本程度等生命周期划分方法，结合农村沼气工程实际，对生命周期进行合理划分，并探索生命周期阶段性特征的主要表现形式。

第三，农村沼气工程利益相关者的识别。利益相关者识别是利益相关者管理的基础和前提，为此，本部分依次进行了利益相关者的界定和利益相关者的特征分析。其中，利益相关者的界定主要通过文献分析、头脑风暴、专家评判、名录整合和反馈论证五个步骤，确立了利益相关者，并关注其在生命周期的进入退出情况。利益相关者的特征分析则借鉴了Mitchell的利益相关者显著模型，从权力性、合法性、急迫性这三个维度将利益相关者划分为核心、中间、边缘这三种类型。进一步地，利用调查问卷开展实证分析，探索利益相关者特征随生命周期演变的动态演化规律。

第四，立项期利益相关者管理研究。本部分运用超网络理论，首先综合业务活动和利益相关者这两个研究视角，定义以业务活动和利益相关者为节点，且以业务活动和业务活动之间的关系、业务活动和利益相关者之间的关系、利益相关者与利益相关者之间的关系为边的利益相关者超网络模型。其次，结合立项期利益相关者特点，以利益相关者超网络模型为基础，在内容分析法标准化操作程序指导下，构建立项期利益相关者超网络理论模型；引入联合中心度和联合中介度，着重分析利益相关者的个体位势的差异性，并根据这种差异性，将个体位势划分为劣势的个体位势、次优的个体位势和最优的个体位势；进一步分析立项期利益相关者超网络模型的最优化结构，求解可实现这种最优化结构的最优解。再次，利用典型案例进行实例验证，验证立项期利益相关者超网络模型的构建、分析与优化的合理性和有效性，总结与本阶段特点相适应的利益相关者管理方式。

第五，建设期利益相关者管理研究。本部分运用复杂网络理论，首先，定义以利益相关者为节点，且以利益相关者间的多种资源交换关系为边的利益相关者资源加权网络。其次，结合建设期利益相关者特点，以利益相关者资源加权网络模型为基础，在内容分析法标准化操作程序指导下，建立建设期利益相关者资源加权网络理论模型；引入度数中心度、中介中心度和接近中心度，着重分析利益相关者的个体位势的差异性以及由此造成的焦点利益相关者的资源缺陷；进一步分析焦点利益相关者巩固和发展个体位势的途径，提出改进建设期利益相关者资源加权网络模型的方式和方法。再次，利用典型案例进行实例验证，验证建设期利益相关者资源网络模型的构建、分析与改进的合理性和有效性，总结与本阶段特点相适应的利益相关者管理方式。

第六，运营期利益相关者管理研究。本部分运用系统动力学理论，首先，从成本收益角度，视利益相关者和业务活动为复杂经济系统，定义利益相关者系统动力学模型是描述影响利益相关者成本收益的各要素以及各要素因果反馈控制关系的系统动力学模型。其次，结合运营期利益相关者特点，通过研究边界、因果关系图、存量流量图以及模型测试四个主要步骤，构建运营期利益相关者系统动力学模型；从系统内各要素及其因果关系出发，总结利益相关者间的利益关系缺失问题；针对上述问题，对运营期利益相关者系统动力学模型进行调整，补充相关变量以及变量间因果反馈控制关系，形成新的运营期利益相关者系统动力学模型。再次，利用典型案例进行仿真分析，验证运营期利益相关者系统动力学模型的构建、分析与调整的合理性和有效性，总结与本阶段特点相适应的利益相关者管理方式。

第七，根据研究结论，提出相应的政策建议。本书第四部分（立项期利益相关者管理研究）、第五部分（建设期利益相关者管理研究）、第六部分（运营期利益相关者管理研究）旨在建立、评价、优化与各阶段特点相适应的利益相关者关系，寻求最优的利益相关者管理方式，上述研究结论为进一步完善利益相关者管理提供了理论基础和实证依据。本部分在前面章节研究成果的基础上，提出进一步完善利益相关者管理的对策与建议，以更好地指导利益相关者管理实践。

1.4　研究的技术路线

从"提出问题—分析问题—解决问题"这一研究思路出发，本书的技术路线为：①提出问题。通过文献查询和实地调研发现问题，即农村沼气工程利益相关者管理问题。②分析问题。为了解决本书核心问题，在生命周期视角下，依照"利益相关者识别→利益相关者管理"的思维逻辑，首先进行了利益相关者识别，回答了第一个核心问题，即"谁是利益相关者"。进一步地，为了更好地回答"如何管理利益相关者"，本书分别开展了立项期利益相关者研究、建设期利益相关者管理研究以及运营期利益相关者管理研究，对应地选择了超网络分析方法、复杂网络分析方法和系统动力学分析方法，构建了与各阶段利益相关者关系特点相适宜的利益相关者超网络模型、利益相关者资源加权网络模型和利益相关者系统动力学模型，并按照"模型构建→模型分析→模型优化→实例检验"的逻辑开展分析，总结与各阶段特点相适应的利益相关者管理的理念和方式。③解决问题。在完成上述核心问题分析后，根据各阶段利益相关者管理的理念与方式，提出与之相对应的利益相关者管理的对策与建议。其技术路线如图 1-2 所示。

1.5　数据来源

本书对生命周期视角下农村沼气工程利益相关者管理进行了系统性地研究，综合利用了统计分析方法（statistical analysis）、超网络分析方法（super network analysis）、复杂网络分析方法（complex network analysis）和系统动力学分析方法（system dynamics analysis）。其中，统计分析方法是以统计数学来实现对利益相关者个体特征数据的定量化处理，适用于利益相关者识别研究；超网络分析方法、复杂网络分析方法和系统动力学分析方法都是以计算机软件来实现对利益相关者关系数据的定量化处理，适用于利益相关者管理研究。总的来说，利益相关者个体特征数据主要来自调查问卷法；利益相关者关系数据主要来自案例分析法。

调查问卷法（questionnaire method）。调查问卷是调查者运用统一设计的问卷向被调查对象了解情况或者征询意见的调查方法，本书的调查问卷法主要围绕利益相关者个体特征展开，共计两次问卷调查：①第一次问卷调查是为了选择利益相关者特征维度，采用一对一的方式，仅面向河南省各县区农村能源与环境保护站的站长和副站长，因为他们对农村沼气工程以及相关利益群体的

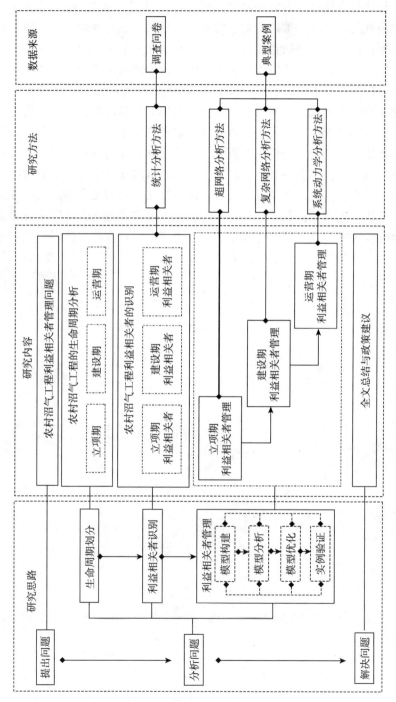

图 1-2 技术路线

认识和判断更有直接性、客观性和真实性。调查问卷发放 33 份，回收 33 份。②第二次调查问卷是要求被访者从权力性、合法性、急迫性这三个维度对利益相关者特征进行排序，被访者涉及政府、企业、专家等农村沼气工程利益相关群体，采用一对一的方式，调查问卷发放 120 份，回收 118 份。

　　案例分析法（case analysis method）。案例分析法是以一个或者若干个案为研究对象的分析方法，本书的案例分析法以华润五丰肉类食品有限公司为典型案例，主要围绕农村沼气工程生命周期各阶段利益相关者关系展开，必须收集下述两种数据：①内容分析法的数据。立项期和建设期的利益相关者关系数据以文字记录的形式被保存了下来，为了获取丰富的文字记录，本书对项目档案库进行了整理和查阅，涉及政策法规、政府批文、合同文本等。②系统动力学仿真的数据。运营期的利益相关者关系数据主要涉及各方的物资交换关系数据和资金支付关系数据，获取方式是访谈，访谈对象包含养殖公司经理和相关部门负责人、种植从业者和农户代表。

2 理论基础与相关研究综述

2.1 核心概念

2.1.1 生命周期

美国项目管理权威机构认为，项目是为完成某一独特的产品或服务所做的一次性努力（徐广姝，2006），有明确的开始和结束的时限，当项目的目标已经实现或确定无法实现时，项目就结束了。项目生命周期就描述了项目从"概念"到完成的全过程，目前较为常见的内涵有三种。

（1）狭义的生命周期。这种生命周期是指项目从立项开始，到竣工为止。有学者认为，生命周期应该包含项目的申报、建设和验收的全过程（陈语谈，2017）。

（2）广义的生命周期。这种生命周期将狭义的生命周期向前延伸至项目构思，向后延伸至项目运营直至报废。李红兵认为，以项目意向为起点，经项目建设和项目运营，直至项目报废的全过程为生命周期（李红兵，2004）。胡文发认为，生命周期是项目的立项、建设、投产、运营、拆除的全过程（胡文发，2008）。

（3）折中的生命周期。这种生命周期介于狭义的生命周期和广义的生命周期之间，是项目的立项、建设、运营的全过程。戚安邦、孙贤伟等认为，生命周期是项目从立项、实施直至交付的全过程（戚安邦，孙贤伟，2004）。

2.1.2 利益相关者

利益相关者（stakeholder）的最早记载出现于1708年，字面含义是赌注或押金，后被引申为在利益活动中下注以及由此带来的抽头或赔本（Freeman，Reed，1983）。利益相关者的概念一经提出，便引起广泛关注，这里主要介绍几种有代表性的定义，如表2-1所示。

表 2-1 利益相关者的定义

学者	时间	定义
Freeman 等	1983	影响一个组织目标的实现或者受到实现其目标过程的影响的人
Freeman	1983	一个组织为了实现其目标必须依赖的人
Evan 等	1990	投入赌注而有要求权的人

学者	时间	定义
Carroll	1989	投入赌注并以此有法律名义对公司资产或财产行使权利的人
Clarkson	1994	专用性资产投入并承担风险的个人
Hill	2001	向企业提供关键性资源的方式以换取自身利益的人
李心合	2001	与企业存在利益关系的个体
楚金桥	2003	影响企业决策或受企业决策影响的个人
沈歧平等	2010	对项目目标实现产生影响或者受到项目影响的人

从表2-1中可以发现，上述学者从不同的角度来理解和定义利益相关者，主要观点如下。

（1）专用性资产投入。专用性资产是用途被锁定后难以用作其他用途的资产，只有进行了专用性资产投入，才可以成为利益相关者。总的来说，专用性资产可分为专用性物质资产和专用性关系资产，与专用性物质资产相比，专用性关系资产依附于企业，一旦依附关系不存在，资产价值就会大幅降低。因此，无论是专用性物质资产所有者，还是专用性关系资产所有者，都应该是利益相关者（Blair，1995）。

（2）承担一定的风险。风险与专用性资产密切相关，一般来说，一旦投入专用性资产，所有人都不太可能改变这种资产用途，因为只有当合约如期履行或者履行完毕，才可以在毫不牺牲资产价值情况下回收价值。也就说，资产专用性强化了当事人之间的依赖性，资产专用性越强，一方当事人对另一方当事人的依赖性就越强，在无政策阻拦的情况下，资产专用性较强的一方容易因另一方的机会主义行为受到损害，被套牢的可能性越高。

（3）影响目标实现或者受目标所影响。目标的实现依赖进行联合生产而投入的专用性资产，那些提供了关键性资源的人应该掌握控制权，影响目标实现；而那些提供了非关键性资源的人就会受目标所影响。但是，无论是关键性资源，还是非关键性资源，所有人都应该被赋予利益相关者身份，享有一定的剩余索取权和控制权。

综上，利益相关者应该是那些进行了一定的专用性资产投入，并承担了一定风险，其活动能够影响目标实现或者受目标影响的个体和组织。

2.2 理论基础

2.2.1 利益相关者理论

20世纪30年代，哈佛大学的Dodd教授和哥伦比亚大学的Berle教授关于"企业是否应该对利益相关者负责"的论战引起广泛关注，使利益相关者问题成为管理学的热点问题。Freeman 于 1984 年出版的《战略管理：利益相关者方法》（*Strategy Management：A stakeholder approach*）是具有里程碑意义的经典著作，标志着利益相关者理论成为管理学领域的前沿问题之一。近 30 年来，利益相关者理论不断地发展和完善，主要经历了下述三个阶段。

（1）初期的利益相关者理论。初期的利益相关者理论清晰地绘制了一个利益相关者图谱。在这个图谱中，项目位于中心，利益相关者呈放射状环绕周围，与项目形成一对一的连接，呈现"车轮"式结构，他们单独对项目发挥作用，其意义在于使人们认识项目的生存离不开利益相关者的支持，利益相关者的发展也依赖项目，两者相互依存、彼此需要，"为全体利益相关者的利益服务"的思想被广泛地接受。在这种思想指导下，利益相关者理论尝试从异质性角度来寻找利益管理策略，研究成果主要是战略利益相关者管理和一般利益相关者管理，前者主张对利益相关者差异对待，赋予利益相关者与之相匹配的权力；后者主张对利益相关者等量齐观，毫无例外地关注所有利益相关者。然而，这一时期利益相关者理论将利益相关者置于"真空"环境之中，从而饱受后人诟病。

（2）中期的利益相关者理论。中期的利益相关者理论尝试从项目与利益相关者的二元关系入手，打破以个体为出发点的研究局限（林曦，2010）。有学者认为，二元关系表现为资源依赖关系，即项目对利益相关者的专用性资产是有依赖的，谁对项目投入了关键性资源，谁就应该掌握控制权（王辉，2005）。学术界对其争论的焦点在于如何测定资源的相对重要性以及如何实现关键性资源的效用最大化（林曦，2010）。有学者认为，二元关系表现为委托代理关系，项目为一系列委托代理关系的集合，且委托代理关系呈不对称性和依赖性，正是这种不对称的依赖关系为利益相关者带来差异性的权力，项目与利益相关者之间的关系也是在这种不对称的依赖关系调整中趋于平衡（Hill，Jones，1992；杨瑞龙，周业安，1998）。这种研究将传统的委托代理理论进行修正和拓展，为关注利益相关者找到了理论基础。总之，中期的利益相关者理论从二元关系出发，使利益相关者理论由利益相关者影响（stakeholder influence）迈向利益相关者参与（stakeholder participation），推动了利益相关者管理实践。

（3）近期的利益相关者理论。近期的利益相关者理论着眼于利益相关者关联关系，认为利益相关者是嵌入关系网络之中的，关系的强度、性质和结构都会对其中个体产生影响，是决定个体行为方式的主要因素之一。这种视角为利益相关者管理提供了新的思路，也为后续研究留下了广阔的理论空间。

2.2.2 超网络理论

复杂网络是复杂系统的结构化表示，可以很好地描述自组织、自吸引、小世界、无标度等特性，在人际网、因特网、电力网及交通网等领域都取得了突破性进展。然而，复杂网络理论并不完全有能力刻画真实世界中的所有网络特征，最典型的例证就是学者合作网络，学者是否存在合作可以映射为复杂网络，多个学者共同撰写一篇文章的情况则无法用复杂网络来表达。也就是说，复杂网络理论适用于研究 1 -模网和 2 -模网，但不适宜解决多个网络相互作用的问题（Sheffiy，1985；乐承毅，徐福缘，顾新建，2013）。因此，超网络理论应运而生，一经提出，就致力于解决现实的难题和困惑。1985 年，自 Sheffiy 初次使用超网络术语以来，许多学者在具体应用中不断地拓展其概念定义，目前较为认同下述两种定义。

定义 1：Berge 的定义。设有限集 $N = \{n_1, \cdots, n_i, \cdots, n_k\}$（$1 \leqslant i \leqslant k$），$l_i = \{n_{i1}, n_{i2}, \cdots, n_{ij}\}$（$i = 1, 2, \cdots, m$），$L = \{l_1, \cdots, l_i, \cdots, l_m\}$（$1 \leqslant i \leqslant m$）若 $l_i \neq \phi$ 且 $\bigcup_{i=1}^{m} l_i = N$，则二元关系 $G = \{N, L\}$ 为超图。其中，N 中元素 n_i 为超图的顶点（$1 \leqslant i \leqslant k$），$l_i$ 为超图的边（Nagurney，Dong，2002）。

定义 2：Frank 的定义。超网络是节点与有向边的集合，节点代表给定集合的网络，有向边代表给定集合的联结偏好，这种偏好受规制支配，决定了有向边的增加、减少或者替换（Page，Wooders，2005）。

先进的超网络理论日渐引发关注，根据超网络理论，学者们建立了各种超网络模型，主要有：①电子商务超网络模型，由多个商家和消费者组成的超网络，以互联网为依托，它们的订货、付款和传递都与传统的物流配送系统相背离（Dong，Zhang，Yan，2005）。②供应链超网络模型，是由供应商、生产商、零售商和回收商组成的超网络，物流、信息流及资金流使得企业既要考虑利润最大化的同时，又要平衡风险、成本、质量等要素（杨广芬，2007；Wang，2009）。③回收超网络模型，载能资源交换使回收商、需求方和可造产品资源地形成了超网络结构，由于载能资源的使用价值恢复比较昂贵，使之销毁并掩埋是合理化处理方式（Wang，Zhang，Wang，2007）。④知识超网络模型，是知识和知识资源组成的超网络，在一系列业务活动执行中，相关的知识被使用，对应的知识资源被调用，以超网络结构存在（于洋，党延忠，2009；武澎，王恒山，2012）。

2.2.3 复杂网络理论

2.2.3.1 复杂网络理论的主要观点

著名物理学家霍金认为，21 世纪是复杂性科学的世纪。复杂网络理论就是研究复杂性科学，并对现实存在的网络现象及其复杂性进行科学解说和系统阐释的新兴科学，其主要观点如下。

（1）结构洞理论（structure holes theory）。1992年，美国社会学家 Burt 提出结构洞经典定义：两个社会行动者之间的非重复性社会关系（Burt，1992）。结构洞理论认为，拥有越多社会关系的社会行动者越有可能占据结构洞，并凭借这种优势网络位置，获得较高经济回报的机会。

（2）社会资本理论（social capital theory）。社会资本研究始于20世纪70年代的法国，以 Coleman 为代表人物。社会资本理论认为，社会资本是社会关系的总和，与财务资本和人力资本一样，是一种资本形式。一个社会行动者参与的社会团体越多，社会资本越丰富，摄取社会资源的能力随之越强（Coleman，1990）。Lin 进一步完善了社会资本理论，认为社会资本是社会关系中的有价值的资源，是社会行动者在既定的社会结构中所占有的社会资源的总和。与财务资本和人力资本相同，社会资本是有预期回报的；不同的是，社会资本不仅可以获得货币或物质的增值，还可以实现声望的提升和地位的取得（Lin，1981）。

（3）嵌入性理论（embedded theory）。嵌入性理论集中批判了过度社会化和低度社会化两种思潮，认为社会行动者的行为深深地嵌入了社会结构之中，对其行为的考察，不仅要考虑个体影响，而且要考虑社会行动者所处的社会结构的影响。根据嵌入的方式，Granovetter 提出了关系性嵌入和结构性嵌入。前者认为，社会行动者嵌入于个人关系之中；后者认为，社会行动者嵌于更为广阔的社会关系之中（Granovetter，1985）。边燕杰则认为，嵌入性理论更加关注社会行动者的人际关系，可以按照社会行动者拥有的社会关系的多寡直接影响对社会资本的摄取和控制（边燕杰，2001）。

2.2.3.2 复杂网络理论的分支

Wattes 和 Strongatz 在小世界研究中的开创性工作以及 Barabasi 和 Albert 在无标度研究中的突破性进展，掀起了学术界对复杂网络的研究热潮。从边权角度，复杂网络可以被划分为无权网络（unweighted networks）和加权网络（weighted networks）两种类型。其中，无权网络定性地描述节点之间是否存在联结关系，即节点相互关联则边权为1，节点相对孤立则边权为0；加权网络可以定量地描述节点之间的联结程度，边权代表节点之间联结的强弱。由 n 个节点和 w 条边构成的复杂网络 $W=\{E, W\}$，$E=\{e_i\}$（$1 \leqslant i \leqslant n$）代表节点集合，$L=\{l_{ij}\}$（$l \leqslant i, j \leqslant w$）代表边的集合，节点之间的相互作用则可以用矩阵 W 表示：

$$W = \begin{bmatrix} w_{11} & w_{12} & \cdots & w_{1n} \\ w_{21} & w_{21} & \cdots & w_{2n} \\ \vdots & \vdots & & \vdots \\ w_{n1} & w_{n1} & \cdots & w_{n1} \end{bmatrix} \qquad (2-1)$$

在公式 2-1 中，一般用分布函数 $P(w)$ 表示复杂网络中任意一条边的权重为 w 的概率，见于公式 2-2。其中，当不考虑节点自我作用时，$P(w)=0$；当节点 e_i 和节点 e_j 存在关联关系时，$P(w)=w_{ij}$，当 $w_{ij}=1$ 时，复杂网络为无权网络；当节点 e_i 和节点 e_j 不存在关联关系时，$P(w)=\infty$。

$$P(w) = \begin{cases} 0, & i=j \\ w_{ij}, & i \neq j \text{ 且 } l_{ij} \in L \\ \infty, & i \neq j \text{ 且 } l_{ij} \in L \end{cases} \qquad (2-2)$$

从加权复杂网络理论出发，很多学者在应用拓展中建立了各种加权网络模型，例如，Yook、Jeong 等考虑了无标度网络模型（BA 模型）的权重，形成了无标度网络演化模型（YJBT 模型）；Antal 和 Krapivsky 在 BA 模型基础上，建立了点强度驱动的加权网络模型（AK 模型）；Barrat 和 Dorogovtsev 分别关注到网络规模的增长和拓扑结构的变化，提出了点强度驱动的 BBV 模型和边权驱动的 DM 模型（Yook，Jeong，Barabasi，et al.，2002；Antal，Krapivsky，2005；Barrat，Barthélemy，Vespignani，2004；Dorogovtsev，Mendes，Samukhin，2000）。

2.2.4 系统动力学理论

系统动力学理论（system dynamics theory）是一门研究复杂系统动态行为的科学，由美国麻省理工学院 Forrester 教授于 1956 年创建。该理论认为，复杂系统的行为与特质主要取决于系统内部结构，复杂系统的增长、衰减和振荡等动态变化都产生于系统内各变量间的因果反馈作用机制。同时，系统动力学结合了系统论、控制论、决策论等学科，并且以计算机仿真技术为手段，模拟复杂系统动态行为，生成复杂系统干预政策，有"政策试验室"之称（王翠霞，2008）。系统动力学理论基本观点如下。

（1）系统动力学理论的前提假设是复杂系统应该有耗散结构。耗散结构是处于非平衡状态的复杂系统在物质流或者能量流中可自组织重新回归平衡有序状态。

（2）复杂系统有多变量、多回路。系统动力学理论认为，"凡系统必有结构，系统结构决定系统功能"，主张从复杂系统内部结构来寻找问题根源，故系统内部有各要素，且各要素互为因果。

（3）重要因素与敏感因素。重要因素是对复杂系统行为影响较大，且被包含于主回路中；敏感因素对干扰反应迅速，当复杂系统处于临界点时，干扰因素作用于敏感因素可能会导致新旧结构更迭。

（4）复杂系统内部结构决定复杂系统行为。复杂系统处于一定的外部环境之中，外部环境变化必然会产生干扰，但是这种外部干扰因素能且只能作用于内部影响因素，才可以发挥作用。

（5）系统的进化。系统动力学理论不仅适用于同一结构下复杂系统行为研究，还适用于新旧结构更迭过程中的复杂系统行为研究。

2.2.5　小结

本节对与全书的理论基础（利益相关者理论、超网络理论、复杂网络理论、系统动力学理论）做较为细致地阐释，上述理论的指导意义如下。

（1）利益相关者理论不断完善且研究视野不断拓宽。利益相关者理论起源于企业是否应该对利益相关者负责的学术论战，经典著作《战略管理：利益相关者方法》的出版则标志着利益相关者管理成为管理学的前沿理论之一。后被引入项目管理领域，经近几十年的发展，这门实践性很强的新兴学科已经形成了比较成熟的理论体系。与此同时，利益相关者理论的研究视野也不断地拓宽，从最初的个体视角逐步向关系视角转变，最终发展为网络视角，"个体—关系—网络"的认识深化使人们认识到研究利益相关者关系网络成为必然，只有建立、评价和优化利益相关者关系网络，才可以更好地管理利益相关者。

（2）超网络理论、复杂网络理论、系统动力学理论为利益相关者关系研究提供了扎实的理论基础。本书以利益相关者作为分析单元，希望通过利益相关者关系研究来掌握其规律，并在探究规律深层原因后对利益相关者关系格局进行优化。目前，利益相关者关系研究尚未形成独立流派，其研究主要分布于超网络理论、复杂网络理论和系统动力学理论中，其研究成果使利益相关者关系向函数关系转变，更加有可调控性和可测度性。本书在生命周期视角下，结合各阶段利益相关者关系特点，运用超网络理论、复杂网络理论和系统动力学理论，构建与各阶段特点相适应的利益相关者关系网络，可以真实地映射利益相关者之间客观存在的相互促进且互相制约的内在联系。

2.3　研究综述

2.3.1　工程类项目利益相关者识别研究

利益相关者理论使人们认识到项目与利益相关者相互依存、不可分割，若要项目立于不败之地，就必须重视利益相关者。"谁是利益相关者？"困扰了人们很长时间，因为如果将利益相关者视为同质的话，很难得到令人信服的结论。因此，有学者提出，可以从多角度寻找利益相关者，"多维细分法"逐渐成为最常用的分析工具，在国内外相关研究中均有运用。

2.3.1.1 国外工程类项目利益相关者识别研究

Freeman 从所有权（ownership）、经济依赖性（economic dependence）和社会利益（social interest）的角度对利益相关者进行分类研究，研究表明不同的利益相关者与企业的关系是不同的，有的利益相关者与企业拥有所有权，有的利益相关者与企业存在经济依赖关系，有的利益相关者与企业存在社会利益关系（Freeman，1984）。Frederick 从交易关系（trading relationships）的维度，认为利益相关者与企业之间存在直接的市场关系和间接的市场关系，并将利益相关者划分为直接利益相关者（direct interest groups）和间接利益相关者（indirect interest groups）（Frederick，1988）。Charkham 以利益相关者是否与企业存在交易性合同关系为标准，将其划分为契约型（contractual）和公众型（community），前者包括股东、雇员、顾客、分销商、供应商等，后者包括消费者、政府部门、媒体、社区等（Charkham，1992）。Wheeler 从经济社会二重维度将利益相关者划分为 4 种类型：首要社会性利益相关者，如社区、供应商、客户等；次要社会性利益相关者，如政府、媒体、竞争对手等；首要非社会性利益相关者，如自然环境、非人类物种等；次要非社会性利益相关者，如环境压力团体、动物利益压力团体等（Wheeler，1998）。Blair 从专用性资产的角度，认为利益相关者有专用性物质资产所有者和专用性关系资产所有者，前者以股东为代表，后者以债权人、供应商为代表，管理者应该对两者差异对待（Blair，1995）。Evan 等学者则从私有权利角度，认为雇员、顾客、供应商、社区代表等都是利益相关者（Evan，Freeman，1997）。

1997 年，Mitchell 提出了利益相关者显著模型（stakeholder salience model），创新性地从权力性、合法性、急迫性三个维度将利益相关者划分为蛰伏型、自主型、需求型、统治型、需求型、危险型、依赖型和权威型，并整合为确定型、预期性和潜在型（Mitchell，1997）。在此基础上，Karlsen 从重要性、风险、态度挖掘了利益相关者的异质性，以此作为实施利益相关者分类管理的依据（Karlsen，2002）。Olander 在建设项目场景中分析了利益相关者的态度、利益性和权力性的差异（Olander，2005）。Nguyen 对发展中国家基础设施项目的利益相关者在态度、获取信息能力、参与度上的差异进行了研究（Nguyen，2009）。利益相关者显著模型使多维细分法不止停留在学院式思辨层面，更是大大地拓宽了利益相关者管理理论的应用场景。

2.3.1.2 国内工程类项目利益相关者识别研究

国内对利益相关者识别研究大多围绕利益相关者显著模型展开，将该模型运用于各种场景中。陈宏辉、贾生华从主动性、重要性和紧急性出发，将债权人、分销商、股东、供应商、员工、政府、管理层、消费者、特殊团体、社区等利益相关者划分为核心型、蛰伏型、边缘型三种（陈宏辉，贾生华，2004）。吕萍、胡欢欢等从主动性、影响力、利益性出发，对建设工程项目利益相关者划分为核心型、一般型、边缘型，并指出利益相关者类型并非是"固定的特质"（fixed property），随生命周期演变，它们获得或者失去某一属性后，就会从一种类型演化为另外一种类型（吕萍，胡欢欢，等，2008）。张玉静、陈建成从权力性、合法性、紧急性、主动性四个维度，将绿色行政利益相关者划分为核心型、蛰伏型、边缘型（张玉静，陈建成，2010）。王进、许玉洁从紧迫性、影响性、主动性三个维度，对大型工程项目的 12 个利益相关者进行了战略利益相关者和外围利益相关者的划分（王进，许玉洁，2009）。刘向东从合法性、影响性、主动性三个维度，将土地整理项目利益相关者划分为核心型、中间型、外围型（刘向东，2012）。石晓波、徐茂钰对京、沪、苏、川、渝的轨道交通 PPP 项目进行了项目生命周期划分，并从影响力、主动性、紧迫性的维度对不同阶段的利益相关者进行分类研究，研究发现 PPP 模式下轨道交通项目利益相关者类型在项目生命周期呈现变动趋势，会对项目产生不同程度的影响（石晓波，徐茂钰，2017）。此外，高喜珍构建了谈判能力—信息获取能力矩阵，对非经营性交通项目利益相关者进行了实证分析（高喜珍，2012）。

2.3.2 工程类项目利益相关者管理研究

网络科学的迅猛发展为建立、评价和优化利益相关者关系提供了先进的技术和工具，使人们认识到利益相关者深深地嵌入关系网络之中，在功能服从形式的思想下，个体的很多形式都会受到关系网络的影响。Rowley 是利益相关者关系网络研究的先驱（Rowley，1997），为利益相关者管理研究提供了一种崭新的研究范式，后相关研究主要集中于下述四点。

2.3.2.1 利益相关者关系网络构建方法研究

学术界证实了利益相关者关系网络是客观存在的，譬如，工业网络（Walker，1997）、知识创新网络（Shan，1994；钟琦，2008；柳洲，陈士俊，2008）、组织控制网络（Pfeffer，Salancik，1978；Mintzberg，1983）、信息传播（迈克尔·E. 罗洛夫，1991；王陆，2008）、犯罪网络（Patacchini，Zenou，2008）、公司治理（Hill，Jones，1976；Freeman，Evan，1983；Frederick，1988；Donaldson，Dunfee，1994；Evan，Freeman，1997；Hus，Eide，2008）。但是，如何来实现利益相关者关系网络，目前较为常见的方法有滚雪球法和提名法。

（1）滚雪球法（snow-balling）。滚雪球法首先对随机选择的被访者实施访问，并邀请他们推荐下一批属于研究目标总体特征的调查对象，依次类推，样本如同滚雪球般越来越大。Stein 就利益该方法构建了坦桑尼亚的水治理网络（Stein，2011）。

（2）提名法（name-listed）。提名法是使被访者依据某种特性或者品质的描述，从同伴中选择最符合这些特征的人提名。Vance-Borland 就以提名法实现了比利时弗兰德斯市的定题情报提供（strategic defense initiative，简称SDI）空间数据网络结构（Vance-Borland，2011），Vance-Borland 也利用该方法绘制了美国俄勒冈州沿海环境保护项目利益相关者社会网络（Vance-Borland，2011）。

然而，这两种方法各有一定的局限性，滚雪球法较适用于低发生率的总体中进行抽样，由于有些样本被遗漏，很容易造成误差（Scott，2000）；提名法对被访者的要求很高，主观性也较强。

2.3.2.2 利益相关者关系网络结构研究

研究者们发现，虽然利益相关者以关系网络结构存在，但是关系网络结构是有差异性的，这种差异性表现在模数上。

（1）1-模网络（one-mode network）。Frantz 刻画了补充和替代医学（CAM）网络，分析并预测其复杂性、联系性、社会性，深化了 CAM 的研究（Frantz，2012）。Nowell 对 48 个不同的家庭暴力社区联盟主体关系网络进行了研究，认为公众、非营利组织在推动社区协作的有效性提供领导作用（Nowell，2010）。Ansell Chris 分析了美国加利福尼亚州奥克兰地区的学校改革进程中的公民联盟，认为公民联盟面临着凝聚力和包容性之间的矛盾，更像是一个宣传联盟，可以通过扩大现有的宣传成员的方式来发挥联盟的作用（Ansell Chris，2009）。Mikulskiene 对立陶宛研发策略部关系网络状进行研究，得出委员会设计存在某些障碍对利益表达有重大影响的结论（Mikulskiene，2012）。在自然资源项目中，Prell 等以英国的山顶国家公园为例，绘制了自然资源管理利益相关者关系网络，认为利益相关者可以、应该影响环境决策。采用这种方法能够避免激化冲突，确保某些群体不被边缘化，公正地代表各方的利益（Prell，Hubacek，2008；Prell，Hubacek，Reed，2009）。

（2）2-模网络（two-mode network）。近年，2-模网络相关研究开始兴起，研究成果并不多，主要集中于信息计量学、产业经济学、项目管理等领域。于淼构建了作者与关键词、年份与关键词的 2-模网络，测度了我国信息计量学的发展水平（于淼，2015）。胥轶、宗利永等构建了我国各省份在文化产业布局的 2-模网络，发现了我国各省份在文化产业布局方面的缺陷，并提出了一些参考性解决依据（胥轶，宗利永，2016）。郭伟奇、孙绍荣建立了"监管主体—监管环节" 2-模网络，开展了多环节可变主体行为监管的协调机制研究，并提出改善监管主体行为判定能力、提升监管制度耦合性、优化监管主体监管幅度等监管协调策略（郭伟奇、孙绍荣，2013）。

（3）超网络（super nerwork）。超网络由 Sheffiy 提出，是研究多个网络之间关联关系的重要分析工具（Sheffiy，1985）。超网络最早应用于因特网、交通、物流及供应链网络中，后被引入其他领域研究中（Dong，Ding，Hong，2005）。在利益相关者管理研究中，于洋、党延忠集成知识网络和人员网络，构建了超网络模型，用于分析人员知识易流失问题（于洋，党延忠，2009）。武澎、王恒山提出了知识服务超网络，并提出知识服务能力评价算法（武澎，王恒山，2012）。乐承毅等构建了跨组织知识超网络模型，探讨了该模型在复杂产品系统中的应用（乐承毅，徐福缘，顾新建，2013）。

2.3.2.3　利益相关者关系网络结构演化研究

很多学者关注到利益相关者关系网络结构会发生改变，产生这种变化的原因大致有时间、地域、业务流程和个体特征。

（1）时间。Sallent 通过对 2009 年前后铁人三项运动的运动员关系网络的构建，认为运动员关系网络结构会随时间发生演变，并对环境、文化、社会等产生影响，赛事管理人员应该针对关系网络演化规律制定与之相对应的管理策略（Sallent，2011）。Freedman 采用案例分析方法，对联盟成立前后的区域粮食生产者关系网络进行了对比分析，认为联盟前后的生产者关系网络发生了变化，且与联盟成立前相比，联盟更有利于寻求信息、帮助和合作，因此联盟增加了集权和效率（Freedman，2011）。焦媛媛、付轼辉、沈志锋认为 PPP 项目的利益相关者之间的关系呈现网络拓扑结构，并随着决策、实施、运营的项目生命周期演进发生变化，经定量化分析显示：较之于项目用户、周边群众，政府、投资人、项目公司掌握更多的网络资源（焦媛媛，付轼辉，沈志锋。2016）。

（2）地域。Polanco 认为，乡村旅游网络在哥伦比亚安蒂奥基亚省东部和南部地区乡村是不同的，并对这两个地区的乡村旅游网络结构进行了对比分析（Polanco，2011）。Aerni 认为，可持续农业政策精英关系网络结构在瑞士和新西兰是不同的，这对于制定农业政策极其重要，并总结了两国不同的关于可持续农业发展的法律原则与措施方法（Aerni，2009）。Grace 通过在越南、老挝和柬埔寨地区的人畜共患病的公共部门和医疗部门的利益相关者关系网络进行了对比分析，并提出有针对性和可行性的对策和建议（Grace，2011）。

（3）业务流程。Vandenbroucke Danny 认为，SDI 的不同业务流程会塑造不同的业务员关系网络结构，这为全面评估 SDI 性能提供一个良好基础（Vandenbroucke Danny，2009）。栾春娟构建了产业技术发展必然产生的关系结构演变，其中，显著的中介中心度的节点发挥了桥梁纽带作用；显著的特征向量中心度的节点占据核心地位；建筑的多重测量中心度高的节点有更好的应用性（栾春娟，2013）。

（4）个体特征。在利益相关者关系网络中，不仅有正式层级结构，而且有非正式层级结构，这为深刻理解关系网络结构演变提供了一个新的分析思路。Prell 认为，正式层级结构和非正式层级结构对于关系网络的影响是不同的，例如，土地管理受访者就存在正式层级结构和非正式层级结构，因此应该实施多样化参与式管理（Prell，2010）。Mcaneney 认为，北爱尔兰公共卫生 UKCRC 中心的正式层级结构（学术派）和非正式层级结构（非学术派）的关系网络是不一样的，学术派和非学术派的态度、质量和潜在价值在知识经济、学术水平等多方面有较大的差异（Mcaneney，2011）。

2.3.2.4 利益相关者关系网络拓扑结构参数研究

目前，利益相关者关系网络研究大多依赖相关拓扑结构测度指标进行，主要的关系网络拓扑结构参数如下。

（1）中心性。平亮、宗利永建立了微博信息传播网络，并利用中心性指标对节点"权力"进行了测量，识别出了微博意见领袖（平亮，宗利永，2010）。李永奎绘制了 2010 年上海世博会工程建设网络，并选取中心度和中心势为刻画权力的关键指标，衡量了各主体权力特征（李永奎，2012）。

（2）结构洞。罗晓光、溪璐路建立了顾客口碑意见网络，通过中心度和结构洞识别出了顾客口碑意见领袖，并指出意见领袖对顾客口碑意见网络传播范围的影响要大于对传播速度的影响（罗晓光，溪璐路，2012）。

（3）密度。Rowley 借助密度和中心性建立了一个二维分类矩阵，并提出四种管理策略：适用于高密度和高中心性的妥协策略、高密度和低中心性的顺从策略、低密度和高中心性的支配策略、低网络密度和低中心性的独立策略（Rowley，1997）。

（4）块模型。Wang Guang-Xu 考察了 1998—2010 年国家医疗保险金融改革过程中的政策精英，采用块模型、多维标度等多种方法对政策精英及其权力分配的关系进行研究，并对现行政策做了评估，系统地映射出政策精英的利益冲突（Wang Guang-Xu，2012）。

2.3.3　农村沼气工程利益相关者相关研究

当今世界面临石化能源日渐枯竭，各国纷纷将能源战略转至可再生能源领域，沼气在全球范围内引发普遍关注，在发酵工艺、技术装备、产业链等领域取得丰富的研究成果（Gronowska，Joshi，Maclwan，2009；Guo，2004）。由于本书聚焦利益相关者，与之直接相关的研究主题包括农村沼气工程利益相关者个体研究和农村沼气工程利益相关者关系研究。

2.3.3.1　农村沼气工程利益相关者个体研究

越来越多的学者认识到利益相关者对于农村沼气工程意义重大，对关键利益相关者进行了深入讨论，这些研究大多围绕政府、农户、企业展开。

（1）政府。政府对农村沼气工程的重要作用被众多学者认可。伊铭认为，追逐经济利益是各方参与农村沼气工程的根本内在动力，当其无法发挥作用时，就必须依赖政府的外部推动（伊铭，2007）。王飞等认为，完善相关政策法规是促进中国沼气健康发展的重要因素（王飞，蔡亚庆，仇焕广，2011）。胡志远、浦耿强对德国的中小型农场沼气进行了深入研究，认为沼气政策推动了沼气的发展，因为该国出台的《电力并网法》允许沼气并网发电并要求电网企业有义务有偿接纳在其供电范围内生产出来的电力，在政策激励下，据德国沼气协会估计，2020年沼气发电总装机量将达9 500兆瓦（胡志远，浦耿强，2004）。党锋、毕于运等认为，欧洲沼气的迅猛发展得益于沼气政策的制定和完善（党锋，毕于运等，2014）。程序、梁近光指出，法国通过的新环保法案对企业收购生物天然气做强制性规定，并以财政补贴、免除税负和政策引导等多种方式鼓励沼气并入地区天然气管网（程序，梁近光，2010）。李爱香认为，政府补贴可以吸引更多社会资本进入沼气领域，推动沼气产业化发展（李爱香，2014）。刘刘等认为，可以通过建设补贴和产品价格补贴相结合的方式，吸引投资者，推动项目发展（刘刘，郑丹，邓良伟等，2014）。李颖等总结了中国沼气补贴以建设补贴为主、产品价格补贴为辅的现状，他们认为，这与欧洲的做法大相径庭，在一定程度上导致了项目的闲置和废弃（李颖，孙永明，李东等，2015）。闵师界等通过中德对比分析发现，在补贴效果上，德国发电上网价格补贴明显优于中国基建成本补贴（闵师界，黄叙，邓良伟等，2013）。在产品价格补贴标准测试研究中，相关研究很少，刘文昊等认为，可以采用项目外部效益性收益估算的方式对产品价格补贴标准测试，以解决项目运行成本高和直接经济效益差等问题（刘文昊，张宝贵，董仁杰等，2012）。林斌等认为，可以依据项目运营情况对项目加以补贴（林斌，洪燕真，林伟明等，2009）。熊飞龙等则认为，可以对沼气市场化服务管护加以补贴，以实现可持续的发展（熊飞龙，朱洪光，吴军辉等，2011）。除补贴方式外，潘丹认为，技术支持、排污收费和粪肥交易市场是提高项目运行绩效的良好手段（潘丹，2016）。

（2）农户。很多学者认识到农户对农村沼气工程的积极作用。王飞、蔡亚庆等梳理了中国沼气发展现状，并指出逐渐上升的能源需求、规模化的养殖业发展态势以及强大的环境治理压力等是推动沼气发展的驱动力，如果可以为农户提供更加健全的后续服务，可以有效地促进沼气的发展（王飞，蔡亚庆等，2012）。李伟、吴树彪等对农村沼气工程高效稳定运行技术进行研究，认为沼液的资源化利用技术是摆脱沼气工程可持续发展瓶颈的关键（李伟，吴树彪等，2015）。李忠波以盘锦市农村沼气工程为例，发现作为项目最直接的受益者，农户对项目意识薄弱，直接关系到项目的成败（李忠波，2003）。王延安、杨锦秀进一步指出，农户之所以未能有效参与，是因为意识淡薄、资金匮乏、技术短缺（王延安、杨锦秀，2006）。卢立昕、刘易平、王昌海等对位于陕西省汉中市洋县的朱鹮自然保护区的居民进行实地调查，研究发现：受教育水平、健康状况及是否是村干部与农户家庭年支出等因素对其沼气使用意愿有重要影响（卢立昕，刘易平，王昌海等，2017）。

（3）企业。很多学者认为，企业的积极参与可以更好地推动农村沼气工程发展。孙芳以北方农牧交错带为例，通过对农牧业一体化经营模式综合效益的对比分析，认为"种养业农户＋合作社＋公司＋专业市场＋产业协会"是实现农户收入增加、生态环境保护、资源节约利用的有效途径（孙芳，2013）。李文华等认为，企业可以由自给型生产向农产品加工方向转变，实行"产＋加＋销"纵向一体化的多级产业网络型链条，充分利用信息、人力、资金、设施等资源，构建良性循环经济结构框架（李文华，刘某承，闵庆文，2010）。此外，引导农户适应市场、发挥地区比较优势、合理调整种植结构也是推动项目实施效果的有效方式（杨志坚，2008）。王火根、翟宏毅认为，以农村沼气工程为纽带的"猪—沼—农"模式，养殖业为种植业提供了有机肥料，种植业为养殖业提供绿色饲料，实现了资源最大化利用（王火根，翟宏毅，2016）。叶夏等认为，因地制宜推广"养种平衡"生态型畜牧场是实现"牧—沼—肥—草"的重要途径之一（叶夏，王芳等，2016）。何有光认为，"畜禽养殖＋食用菌生产加工"有利于实现废弃物综合利用和资源多层级开发（何有光，2007）。

2.3.3.2 农村沼气工程利益相关者关系研究

很多学者关注到了利益相关者之间关系也会对农村沼气工程的普及和推广产生影响，此类研究较多地使用了博弈论和系统动力学。

（1）博弈论。Hendrikse、Bijman、Veerman 等学者在不完全合约理论基础上构建了一个三阶非合作博弈模型，描述了 2 个农户和 1 个企业在各种治理结构下农户和企业如何做出最优的专用性资产投资决策（Hendrikse，Veerman，2001；Hendrikse，Bijman，2002）。曲福田以博弈论作为主要分析工具，认为支付意愿、转化成本、规制成本等是影响企业行为的主要因素（曲福田，2006）。施中云从支付占优和风险占优的角度分析了主体间相互作用关系，分析表明政府可以充分发挥协调作用以提高企业的博弈支付和降低企业间的合作风险（施中云，2006）。涂国平、冷碧滨关注了"公司＋农户"的高违约率问题，深刻剖析了"公司＋农户"的违约成因和"公司＋农户＋期货"的履约机理（涂国平，冷碧滨，2010）。

（2）系统动力学。系统动力学作为一种有效地系统仿真技术，在农村沼气工程理论研究中得到了广泛的应用。贾仁安等运用反馈动态复杂性理论对农村沼气工程综合实施效果进行了仿真分析，提出了合理化运营运行机制（贾仁安，王翠霞，涂国等，2007）。贾仁安等独创性地提出流率基本入树模型的概念，并对由流率基本入树经嵌运算生成反馈极小基模的反馈基模生成法加以规范，并以案例研究的形式深入剖析"种植＋养殖"经营模式的优势与制约（贾仁安，涂国平，邓群钊等，2005）。邓群钊等基于循环经济理论设计了"猪—沼—粮"循环经济生态系统，并以江西省萍乡市湘东区排上镇兰坡村为案例进行实证研究，研究表明，"猪—沼—粮"循环经济生态系统可以实现粮食安全和农民增收的双赢，却无法回避养殖粪尿过剩与沼气原料短期的矛盾（邓群钊，贾仁安，梁英培，2006）。

2.3.4　文献评述

综上所述，关于项目利益相关者研究文献呈多样化趋势，许多学者对利益相关者识别和利益相关者管理都进行了深入地探讨，产生了丰富的研究成果。其中，利益相关者识别研究主要集中于利益相关者的界定和利益相关者的特征。利益相关者的界定是为了寻找利益相关者，且以焦点小组法、文献分析法、专家访谈法较为常见。较之于主观经验判断，上述方法可以有效地规避利益相关者遗漏现象。利益相关者特征分析主要围绕利益相关者显著模型，强调从多个维度将利益相关者划分为多种类型，有利于更加准确地了解利益相关者。利益相关者关系研究主要采用复杂网络分析方法，已经形成了较为统一的分析范式，大多依据"关系网络构建—关系网络分析—关系网络优化"的思维逻辑展开，深刻地探索了利益相关者关系拓扑结构特征。

前人研究成果为生命周期视角下农村沼气工程利益相关者管理研究奠定了扎实的理论基础。值得注意的是，农村沼气工程是为创造独特产品的一次性活动，生命周期阶段性鲜明，在各阶段顺次执行中，相应的资源和相关的利益相关者就会被操作和调用，使得各阶段有不同的利益相关者。或者说，生命周期演变必然产生原利益相关者退出和新利益相关者加入，那么利益相关者关系网络肯定是不一样的。目前，相关研究局限于对政府、企业、养殖企业、种植业者等个体层面，对利益相关者关系研究也局限于"公司＋农户"和"猪—沼—粮"，系统性研究尚未展开。因此，从农村沼气工程的独特的项目管理情境出发，在生命周期视角下，建立、评价和优化与各阶段特点相适应的利益相关者关系，并提出合理化建议，不仅有一定的创新性，而且有一定的挑战性。

3 研究区概况及典型案例介绍

3.1 研究区概况

  河南省地处中国中东部，省域面积大多数位于黄河中下游，界于北纬 31°23′—36°22′，东经 110°21′—116°39′，省域面积 16.7 万千米²，包括 17 个省辖市、21 个县级市，87 个县，50 个市辖区，1 821 个乡镇。该省人口众多，是中国人口第一大省，全省总人口 10 852.85 万人，常住人口 9 559.13 万人。在常住人口中，居住在城镇的人口为 4 794.86 万人，占比 50.16%；居住在乡村的人口为 4 764.27 万人，占比 49.84%[①]。

  能源是人们赖以生存和发展的基础，特别是在农村，农村能源的供应与消费影响着农业生产和农民生活。目前，农村能源形式日趋多元化，秸秆薪柴、生物质颗粒燃料、煤炭、沼气、液化石油器、天然气、煤气、生活用电和太阳能等都比较常见。河南省农村能源与环境保护总站对河南省境内的内黄县、中牟县、柘城县等 20 个县 600 户农村家庭生活能源情况进行了问卷调查，经统计整理，河南省农村家庭生活能源状况如图 3-1 所示。

  如图 3-1 所示，在 600 个农村家庭中，首要的生活能源是生活用电和石油液化气；其次是沼气、煤炭和秸秆薪柴；最后是生物质颗粒、天然气和煤气和太阳能，说明沼气已经成为河南省农村家庭生活能源的重要组成部分之一。归结其原因，主要有三点：①河南省地理位置优越，地处北亚热带向暖温带过渡地带，以大陆性季风气候为主，兼具自东向西由平原向丘陵山地气候过渡的特征，四季分明、降水均匀、光照充足、雨热同期，比较适宜沼气生产。②农业废弃物丰富，沼气发酵原料充足。河南省是典型的农业大省，以 2017 年为例，全年粮食产量 5 973.40 万吨，其中夏粮产量 3 554.20 万吨，秋粮产量 2 419.20 万吨。小麦产量 3 549.50 万吨，玉米产量 1 709.55 万吨，棉花产量 8.70 万吨，油料产量 678.32 万吨，猪牛羊禽肉总产量 655.90 万吨，禽蛋产量 422.80 万吨，牛奶产量 310.50 万吨[②]，庞大的农业生产必然产生巨量的农业废弃物，沼气发酵原料充足。③沼气认可度高，很多家庭都认可沼气质性优

---

  ①② 相关数据来源于 2017 年河南省国民经济和社会发展统计公报。

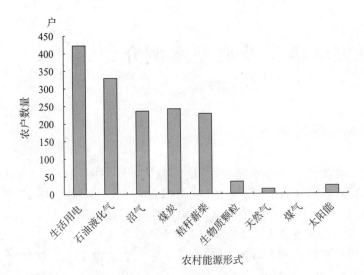

图 3-1　河南省农村家庭生活能源状况

良，燃烧值高、操作简单、不污染环境，易于操作和使用。

农村沼气工程承载着经济、生态、社会等多元化价值元素，有一定的经济外部性和政治敏感性，虽然归业主个人所有，但是若完全依靠市场配置，必然引起供给不足。因此，农业农村部规定，中央资金补贴每个项目80万～150万元，同时实施省、市、县三级配套，最终实现中央投资与配套资金比例2∶1。在中央投资带动下，河南省农村沼气工程进入快速发展阶段，项目数量呈显著上升趋势，如图3-2所示。

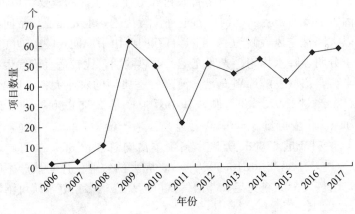

图 3-2　2006—2017 年河南省农村沼气工程数量

2015 年，河南省农村能源与环境保护总站对 2010—2015 年已立项的 264 个农村沼气工程项目建设情况进行实地考察后发现：截至 2015 年，2010 年、2011 年、2012 年的绝大多数项目完成了施工建设，而 2013 和 2014 年还有一部分项目尚未开工建设（包含招标、未实施和未开工），占比分别达到了 10% 和 34%，这说明农村沼气工程的建设期很长，时间跨度一般为 2 年以上，有的达到 3~4 年，甚至更长，如表 3-1 所示。

表 3-1　2010—2015 年河南省农村沼气工程建设情况

		2010 年	2011 年	2012 年	2013 年	2014 年	2015 年
建设完成	数量（个）	49	20	43	28	33	0
	比例（%）	98.0	91.0	84.0	62.0	62.0	0
主体完工	数量（个）	1	0	0	2	1	0
	比例（%）	2.0	0	0	4.0	2.0	0
招标	数量（个）	0	1	1	1	16	0
	比例（%）	0	4.5	2.0	2.0	30.0	0
未实施	数量（个）	0	1	5	2	1	0
	比例（%）	0	4.5	10.0	4.0	2.0	0
正在建设	数量（个）	0	0	2	10	1	0
	比例（%）	0	0	4.0	22.0	2.0	0
未开工	数量（个）	0	0	0	2	1	42
	比例（%）	0	0	0	4.0	2.0	100.0

数据来源：河南省农村能源与环境保护总站。

农村沼气工程的建设完成并不意味着项目成功，它能否可持续地平稳运行才是评价项目成功与否的关键。对此，河南省农村能源与环境保护总站对 2012 年之前的 150 个项目中的 81 个进行调查统计，被调查的项目在河南 18 个省辖市和 10 个省直管县中 5 个县域均有分布，基本能够代表已投入使用项目的真实运营情况，项目分布情况如表 3-2 所示。

被调查的 81 个项目的整体运营情况如表 3-3 所示，在这 81 个项目中，未投产项目有 14 个，占被调查样本总量的 17.28%；投产项目有 67 个，占被调查样本总量的 82.72%。在 67 个投产项目中，年均运行 8 个月以上、年平均产气量达到设计产气量的 70% 且所产沼气无排空、达到正常运营标准的项目（以下简称"正常运营项目"）有 53 个，占被调查样本总量的 65.44%；通过规范验收但无法正常运营的项目（以下简称"未正常运营项目"）有 14 个，占被调查样本总量的 17.28%。

表 3-2　被调查项目的县域分布情况

市	县（市）	项目数量（个）	市	县（市）	项目数量（个）	市	县（市）	项目数量（个）
郑州	荥阳	1	周口	淮阳	2	三门峡	义马	1
	中牟	1		太康	2		渑池	2
	惠济	1		商水	1	漯河	舞阳	2
洛阳	孟津	1		沈丘	1		临颍	1
	宜阳	1	驻马店	项城	1		源汇	1
	洛宁	1		泌阳	2	省管县	巩义	2
	汝阳	1		西平	1		兰考	1
安阳	安阳	1		上蔡	2		汝州	1
	林州	1		正阳	1		长垣	1
	滑县	1		驿城	1		固始	2
	汤阴	2	焦作	博爱	2	平顶山	舞钢	1
新乡	封丘	1		沁阳	1	鹤壁	淇滨	1
	获嘉	1		温县	1		淇县	1
	延津	1		修武	2	信阳	浉河	2
	新乡	2		中站	1		平桥	2
	牧野	2		武陟	2		罗山	2
濮阳	清丰	1	南阳	内乡	1	三门峡	义马	1
	南乐	1		卧龙	1		渑池	2
许昌	禹州	1		新野	1	商丘	民权	1
	长葛	1		宛城	2		夏邑	1
济源	济源	2						

数据来源：河南省农村能源与环境保护总站。

表 3-3　河南省农村沼气工程运营情况

未投产项目		投产项目			
个数	比例	个数		比例	
		67		82.72%	
		正常运营项目		未正常运营项目	
14	17.28%	个数	比例	个数	比例
		53	79.10%	14	20.90%

数据来源：河南省农村能源与环境保护总站。

　　投产项目无法正常运营的主要原因有以下四点：养殖场倒闭、产品收益过低、施工质量问题和项目故障维修不及时，具体比例如图3-3所示。之所以产生这样的现象，是因为：①农村沼气工程与养殖场关系密切，主要服务于养殖场的畜禽排泄物处理，功能定位于养殖场附属工程。一般来说，养殖业价格波动是客观的，以养猪为例，价格周期一般为3年，"一年涨、一年平、一年跌"。在价格上升期内，畜禽养殖量大，畜禽排泄物充足；在价格下跌期内，畜禽养殖量减少，项目有可能随养殖场倒闭而废弃。因此，养殖场倒闭是造成投产项目无法正常运营的首要原因。②随着煤、电、水、人工等各项成本持续性上涨，农村沼气工程承担着越来越大的成本压力，如果沼气价格和沼肥价格长期偏低，必然使项目产生入不敷出的问题。因此，过低的产品收益是影响投产项目无法正常运营的另一个重要原因。

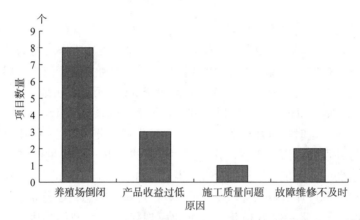

图3-3　被调查农村沼气工程无法正常运营的原因
数据来源：河南省农村能源与环境保护总站。

　　农村沼气工程长期稳定运营需要一个健全的物业化管理服务体系，这已经被证明是一个行之有效的管理方式。在53个正常运营项目中，已配备物业化管理体系的项目有17个，约占32.08%；未配备物业化管理体系的项目有36个，约占67.92%，如图3-4所示。即使在这17个已经建立物业化管理服务体系、实施物业化管理的项目中，有的项目基础设施很差，服务设备不全，甚至只配备了一辆进出料车，加之沼气管理服务人员流动性大且技术有限，沼气日常维护中所出现的各种问题根本不可能得到沼气物业管理人员的及时服务，这在很大程度上降低了沼气用户的产品体验。同时，由于物业化管理服务并不能给项目带来额外收益或者根本没有收益，故无法进行市场化运作，进一步影响了沼气管护服务效果。

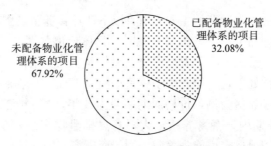

图 3 - 4　被调查农村沼气工程无法正常运营的原因

数据来源：河南省农村能源与环境保护总站。

3.2　典型案例介绍

河南省已建成的一大批农村沼气工程中，华润五丰肉类食品有限公司（简称 HRWF 公司）非常有典型性。HRWF 公司是华润五丰有限公司的子公司，是一家规模化、标准化、现代化的大型供港生猪养殖企业，位于河南省郑州市中牟县大孟镇贺岗村。公司成立于 1993 年，总投资 3 000 万元，占地 355 亩①，设标准化猪舍 42 栋，总面积 11 302 米²，并配备污水处理系统、自动喂料系统、自动喷洒消毒系统、定时排风及自动温控系统等现代管理设施，在同行业内处于领先地位。场区建设农村沼气工程，并利用"畜禽排泄物—沼气生产—沼肥综合利用"的工艺路线，实现了以沼气为纽带将上游的生猪养殖业和下游的葡萄种植业以及相关的能源产业有机结合，发挥了良好的经济、生态、社会等效益。

HRWF 公司是一家规模化、标准化、现代化的大型供港生猪养殖企业，本书对其成本支出和收益来源较为关注，经实地调研、人物访谈以及查阅企业年报发现：HRWF 公司的收益主要来自出售生猪的收入，其成本主要包含饲料成本、人工成本、防疫成本、母猪平摊成本、设备折旧成本、水电成本等，相关统计数据如表 3 - 4 所示。

表 3 - 4　2008—2017 年 HRWF 公司的成本收益统计

	2008 年	2009 年	2010 年	2011 年	2012 年	2013 年	2014 年	2015 年	2016 年	2017 年
生猪出栏量（万头/年）	2.07	1.94	1.82	1.88	1.90	1.80	1.71	1.97	1.94	1.90
生猪价格（元/头·年）	1 647.80	1 269.40	1 300.20	1 320.00	1 452.00	1 320.00	1 491.60	1 783.10	2 310.00	1 705.00

---

　　①　亩为非法定计量单位，1 亩≈667 米²。下同。——编者注

（续）

	2008年	2009年	2010年	2011年	2012年	2013年	2014年	2015年	2016年	2017年
生猪单位养殖成本（元/头·年）	1 077.17	1 064.72	1 257.74	1 207.92	1 369.81	1 513.02	1 525.47	1 363.58	1 095.85	1 207.92

随着生猪养殖规模不断扩大，养殖场粪便污水的产生量也迅速增加。如果未经处理直接排放，它们会对生态环境造成严重破坏；如果加以合理利用，它们就是一种被放错位置的资源。依据钟永光等的测算，一头生猪的排粪系数和排尿系数分别为 0.003 吨/天和 0.006 吨/天，干物率分别按 18% 和 3% 计，干猪粪产气系数为 257.3 米^3/吨，即一头生猪一年可以产生沼气 67.62 米^3，即沼气产生系数为 67.62 米^3/头·年（钟永光，贾晓菁，钱颖，2016）。同时，丁雄认为，沼肥收集率可达 0.95，即一头生猪一年可以产生沼肥 0.25 吨，即沼肥产生系数为 0.25 吨/头·年（丁雄，2014）。于是，HRWF 公司申报一个规格为 1 000 米^3 的农村沼气工程，并于 2006 年立项，项目建设资金约 450 万元，其中，中央投资 150 万元，地方配套 75 万元，企业自筹 225 万元。该项目采用完全混合式（continuously stirred tank reactor，简称 CSTR）厌氧发酵工艺，设计厌氧进料浓度 8%，进料总固体含量（feed total solid content，简称 TS）为 8%，水力停留时间（hydraulic resident time，简称 HRT）约 20天，中温发酵技术，发酵温度（35±2）℃，在室外气温低于 33℃ 时，以煤炭和电力补给热量，保证正常产气量。项目建设标准严格执行中国现行沼气工程建设质量标准，建设期 2 年，于 2008 年投入使用，各项成本如表 3-5 所示。

表 3-5　HRWF 公司农村沼气工程成本估算

建设成本（万元）		运营成本（万元/年）	
土建工程	133.34	燃料材料费用	4.57
附属工程	13.41	工资	10.80
仪器设备购置及安装	234.49	折旧费	35.00
工程建设其他费用	35.74	销售费	1.00
预备费用	33.36	管理费	1.00
		财务费	1.00
合计：450		合计：53.37	

备注：①燃料材料费用主要包含电、煤、水，三项合计约为 4.57 万元/年。②设计定员为 3 人，工资为 3 000 元/月·人（职工福利费、职工教育费、工会经费分别以工资的 14%、1.5%、2% 计）。③建（构）筑物折旧年限按 20 年计，设备折旧年限按 10 年计，净残值率为 5%。④销售费、管理费和财务费均以日常运营费用的 2% 计。⑤资金机会成本按照 7% 计算（2014 年 11 月中国人民银行公布的长期贷款利率 6.15%，考虑融资成本适当上浮至 7%），其原因是企业将资金投资沼气工程，即放弃了投资其他项目的机会，则假定 7% 为投资沼气集中供气工程的机会成本，也可认为该资金成本率是沼气工程业主维持经营的最小利润率。

HRWF 公司利用农村沼气工程对畜禽排泄物进行厌氧发酵处理，产生的沼气经脱水脱硫处理后，通过压缩机贮存在高压贮气柜中，再经预先铺设的管道输送至周边农家用作生活能源。沼气的普及始于典型示范，HRWF 公司在 2008 年向项目区周边的 100 个农村家庭推广了沼气，当时的沼气价格约 1 元/米³，户均使用量为 0.8 米³/天·户，低廉的沼气价格使农村家庭从沼气使用中获得了显著的能源效益，最终使沼气在项目区推广开来。值得注意的是，沼气价格低廉，这种价格不是通过市场决定的，而是在项目区村委会的干涉下形成的，这种定价方式不能突出沼气的商品属性，也不能反映沼气的稀缺性。在沼气价格长期过低的同时，沼气运营成本却一直上涨，严重地阻碍了项目合理收益，打击了业主生产积极性。

在沼气制取过程中，农村沼气工程产生了大量的副产品——沼肥。HRWF 公司与附近的葡萄观赏采摘园签订了《沼肥使用协议》。协议规定，HRWF 公司以 100 元/吨的价格出售沼肥，并利用沼肥综合利用系统输送到葡萄观赏采摘园供喷灌使用，实现就地利用和循环利用。经实地调研和人物访谈发现，作为一种高效液态有机肥料，沼肥易吸收，中等肥力土壤对沼肥承载力约为 2 天/亩（钟永光，贾晓菁，钱颖，2016），施用沼肥后可以有效提升农产品品质，葡萄价格明显高于市场价格，经济效益显著。依托沼肥利用，该园积极开展"统一规划、统一种植标准、统一提供苗木、统一技术服务、统一采摘"的种植模式，园区经济效益良好，带动了周边种植户纷纷加入，使得葡萄种植规模逐年递增。截至 2017 年，该葡萄种植规模上升至 150 余亩。本书对其成本和收益进行了统计。其中，葡萄价格（单位：元/亩·年）为历史年（2008—2017 年）各年的葡萄价格，如表 3-6 所示，葡萄面积种植成本（单位：万元/年）是指平均每亩种植成本，主要用于土地流转、人工、机械、器具等开支，分别以 1 500 元/亩·年、2 320 元/亩·年、500 元/亩·年、400 元/亩·年，故葡萄单位种植成本为 4 720 元/亩·年。

表 3-6　2008—2017 年葡萄价格

单位：元/亩·年

	2008 年	2009 年	2010 年	2011 年	2012 年	2013 年	2014 年	2015 年	2016 年	2017 年
葡萄价格	4 000	5 000	6 000	10 000	11 000	20 000	20 000	20 000	14 000	14 000

3.3　本章小结

本章介绍了研究区概况和典型案例具体情况，笔者采用了资料收集、实地调查等多种方式，对河南省农村沼气工程进行了全方位的考察以及对 HRWF 公司农村沼气工程进行了详细的调查。研究发现如下情况。

一方面，对河南省而言，沼气已经成为一种重要的农村能源形式，且以基本建设项目为主要运作形式。在中央投资带动下，2006 年以来，项目建设数量逐年递增。笔者对该省的项目建设情况和项目运营情况进行分析，其中，对项目建设情况分析针对 2010—2015 年已立项的 264 个项目，相关数据显示项目建设周期很长，时间跨度一般为两年以上，有的达到三四年，甚至更长。对项目运营情况分析则选取了 2012 年之前的 81 个项目，相关数据显示正常运营的项目比例不高，可归因于养殖场倒闭、产品收益过低、施工质量问题和项目故障维修不及时。

另一方面，对 HRWF 公司来说，利用"畜禽排泄物—沼气生产—沼肥综合利用"的工艺路线，实现了以沼气为纽带将上游的生猪养殖业和下游的葡萄种植业以及相关的能源产业有机结合，发挥了良好的经济、生态、社会等效益。

可以说，农村沼气工程既是巨量的物质性操作活动，也是大量的社会性互助活动，是一个由利益相关者组成的复杂系统工程。

4 农村沼气工程的生命周期分析

在我国，农村沼气工程是基本建设项目之一，是为创造独特性产品所进行的一次性活动。它有明确的开始和结束的时限，有鲜明的生命周期，可以体现农村沼气工程特殊的运行规律。本章尝试从特点出发，分析农村沼气工程生命周期及其阶段性特征，为后续研究奠定基础。

4.1 农村沼气工程的特点

农村沼气工程是在现代生物学理论指导下，按照农业生态系统内部物种共生、物质循环、能量梯级利用的生物链原理，通过模拟"动物生产—微生物分解—植物消费"的生态路径，利用可再生能源技术和高效生态农业技术，最终实现物质闭路循环和能量多层级利用的系统工程（Hall，1995）。它是一项复合性基础产业，体现了"减量化、再使用、再循环"的循环经济原则，有较强的外部性，可以通过政府干预、庇古税、补贴、产权交易和法庭谈判等内部化方式以达到最优外部性的目的（王火根，李娜等，2018）。

第一，农村沼气工程是一项复合性基础产业。相比其他产业，农村沼气工程生产工艺相对简单，核心是沼气生产，并附带生产沼肥。沼气是一种清洁可再生的新能源，可以解决农村家庭的取暖、炊事、照明等基本生活用能需要，属于能源产业的产品；沼肥是一种有机肥，沼液浸种可以增加种子发芽率、沼肥施用可以提高农产品的产量和品质，属于有机肥料产业的产品。由于环境产业、能源产业和肥料产业都是基础性产业，所以农村沼气工程是一项兼有环境、能源和肥料的复合性基础产业。

第二，农村沼气工程体现了"减量化、再使用、再循环"原则。农村沼气工程依照"减量化、再使用、再循环"的循环经济原则，是实现循环经济的重要途径之一（任勇，吴玉萍，2006）。首先，农村沼气工程的原材料是农林废弃物，相对于很多产业的投入品是有特定价值的且可以在市场交易的原料、半成品或产成品来说，它尽可能地减少自然资源投入量，体现了循环经济的资源利用减量化原则。其次，农村沼气工程有沼气消费和沼肥利用两条路径，涉及的相关产业有能源产业和肥料产业，多场合使用迎合了循环经济的产品再使用原则。再次，农村沼气工程在生产过程中几乎没有废弃物的产生和污染物的排放，体现了循环经济的废弃物再循环原则。

第三，农村沼气工程存在经济外部性。外部性理论认为，某些人的个体行为是其他经济主体福利效用函数的变量，如果这些人在采取行为时不会特别注意给其他经济主体福利带来的影响，外部性就产生了（刘文昊，张宝贵，2012）。外部性有正外部性和负外部性，正外部性是未被市场体现的额外收益，负外部性是未被市场体现的额外成本。农村沼气工程综合效益显著，一些效益可以为业主带来现金流入，更多的效益则无法使业主从中获取货币收入，由其他主体无偿取得，主要体现在废弃物资源化利用、减排大气污染物、改善农村生态环境等方面。因此，农村沼气工程的经济外部性是正外部性。

4.2 农村沼气工程生命周期的划分

项目管理理论认为，项目是为创造独特性产品的一次性过程。如果可以将之划分为一系列阶段的话，更有利于管理和控制（武晶，2010）。在我国，农村沼气工程以基本建设项目为主要运作形式，有必要确立农村沼气工程生命周期。

4.2.1 生命周期阶段性划分依据

生命周期最本质的核心和最直观的体现是如何对项目从开始到结束的全流程进行阶段性合理划分，作为美国项目管理的国家标准和世界项目管理标准的主要参照体系的美国项目管理协会权威经典著作《项目管理知识体系指南（PMBOK 指南）》认为，项目生命周期由按时间逻辑顺序排列的若干项目阶段组合而成，其名称与个数取决于管理控制需要（PMI，2004）。在这一思想指导下，各国不断探索项目实践规律，总结出与各国国情相适合的项目生命周期，以便使各种活动规范化、科学化和制度化，如图 4-1 所示。

如图 4-1a 所示，美国项目管理权威机构（project management institute，简称 PIM）认为，项目可以划分为决策、设计开发、施工和运营阶段。

如图 4-1b 所示，英国皇家特许建造学会（the chartered institute of building，简称 CIOB）将项目生命周期划分为概念设计、施工前准备、施工、调试、移交、使用。

如图 4-1c 所示，国际标准化组织（international organization for stand-ardization，简称 ISO）将项目生命周期划分为建造、使用、废除，其中，项目的开始、设计、施工被纳入建设阶段。

如图 4-1d 所示，世界银行（world bank，简称 WB）将项目生命周期划分为项目选定、项目准备、项目评估、项目谈判、项目执行与监督、项目总结评价。

如图 4-1e 所示，中国建设项目基本程序将项目生命周期划分为投资估算、初步设计概算、施工图预算、招投标、施工、竣工结算、竣工决算阶段。

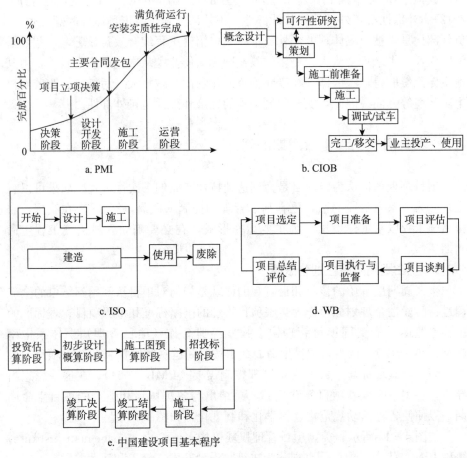

图 4-1　生命周期的类型

无论采用何种划分方法，生命周期都有以下特征：①各阶段依时间逻辑顺序相连。除起点和终点外，各阶段都是上一阶段的结束，又是下一阶段的结束。②各阶段都包含项目的价值形态。项目价值是客观存在的，生命周期是项目价值形态在不同的时空中以不同的方式实现并产生不同的效果的全流程。因此，只有从时间逻辑出发，从项目价值角度来认识生命周期，并用之划分生命周期各阶段，才能不脱离项目实践，否则难以在实践中运用并取得良好效果。

4.2.2　农村沼气工程生命周期的阶段划分

划分农村沼气工程生命周期力求既准确揭示项目价值形态变化规律，又紧密结合现行项目管理实践。借鉴 PMI、CIOB、ISO、WB、中国建设项目基本程序等的生命周期划分方法，农村沼气工程生命周期可以被划分为三个阶段：立项期、建设期、运营期。

4.2.2.1　立项期（approval stage）

立项期是项目规划方案的形成时期，也是减少盲目决策和避免投资失误的关键阶段，主要业务活动如下。

（1）发布项目规划意见。项目规划意见是国家、省、市各级农业、财政、发展改革委等相关政府部门结合本辖区的经济状况、产业政策、中长期规划等，对拟建项目提出的轮廓性建议，确定项目的必要性和前置条件，为后续论证工作提供参考和依据。

（2）转递项目规划意见。项目规划意见发布后，县级农业、财政、发展改革委等相关政府部门将之传达至本辖区有意向的业主，并对业主提供设计、规划、选址等项目申报指导。

（3）开具资金持有证明。在中央投资和地方配套资金未完全覆盖项目建设资金的情况下，国家要求业主必须配备一定比例的自筹资金。为了达到资金要求标准，业主多以各种信用方式从银行获取贷款，取得资金持有证明，证明自筹资金充足。

（4）办理土地租赁协议。实施项目要有一定的实施空间，必须占用相当的土地。为了从土地权利人手中流转土地，业主多以租赁、买卖、流转等多种方式，保障土地使用合理性，为项目争取足够的空间。

（5）订立产供合同。农村沼气工程的前置条件和衡量标准中明文规定项目必须有稳定的发酵原料来源、沼气使用数量、沼肥施用面积，这就要求业主与相关群体订立产供合同，以合同的形式对双方的权利义务关系进行约束。

（6）编制项目规划方案。项目规划方案是对拟建项目的技术可行性和经济合理性的科学论证，必须合乎逻辑、现实可行、效益显著，包含项目的规模、土地、资金、原料、产品、建设标准、综合效益初步估算等主要内容，是把项目由初步设想变为投资战略的可行性建议。

（7）初审项目规划方案。初审项目规划方案是一种基础性工作，一般由县级项目主管单位承担，对项目规划方案真实性进行全面性初步检查，提出处理意见和建议，做出是否予以通过初审的评价。

（8）送审项目规划方案。送审项目规划方案是送交有关单位审查，在一般情况下，项目规划方案经县级项目主管单位汇总后，逐级送审至省级项目主管单位。

（9）评审项目规划方案。评审项目规划方案是对项目计划执行情况和未来情况做一个评审，省级项目主管单位会聘请项目评审专家，以项目规划方案为依据，做出是否予以立项的决定。

（10）发布项目立项结果。经专家评审后，项目得以立项并列入国家投资年度计划。省级项目主管单位将项目立项结果以批复文件形式逐级下发，最终告知业主。

至此，立项期结束后，农村沼气工程进入建设期。

4.2.2.2　建设期（construction stage）

建设期是从资金正式投入开始到项目建成投产为止所需要的时间，是项目物理实现阶段，主要业务活动如下。

（1）项目招标。《中华人民共和国招标投标法》第三条指出，在中华人民共和国境内进行的全部或者部分使用国有资金投资或者国家融资的项目，包括项目的勘察、设计、施工、监理以及与工程建设有关的重要设备、材料等的采购必须予以招标。根据该规定，农村沼气工程对项目建设资金实施全额招标，其实质是通过招标程序择优选择项目干系人。一般由接受业主委托的招标代理机构发布招标公告，有意向者递交标书，经评标择优选择中标人，并向中标人发布中标通知书，并向县级项目主管单位报备中标结果。中标者以标书为依据与业主订立合同。

（2）项目施工。项目施工是对项目进行新建、扩建、改建、保修，由经项目招标程序取得承包资格的建筑公司以项目规划方案和政府批复意见为主要依据，确定施工起点、流向，选择施工主要机械，开展工程实体建设。在此过程中，指挥、调度、协调各方关系，确保各种资源供应，最终交付工程实体。值得注意的是，项目施工必须严格按照批复执行，不得擅自变更，如因特殊情况确实需要变更的，必须按项目申报程序逐级报批，经省级政府相关部门审批后方可变更。

（3）资金拨付。为确保工程款的合理使用，拨付项目建设资金一般采用分段性资金支付报告形式，由业主提出申请，县级项目主管单位自接收申请之日起，对工程进度、质量安全、概算控制、资金使用等方面予以核实和检查，并按照集中管理、分段拨付、竣工验收、统一结算的原则，凭项目建设进度报告，分批次地将资金拨付至业主。

（4）设备供应。各种仪器、设备、建材、耗材等的供应资格是经项目招标程序取得的，且经供货合同予以确立的。供应商应该严格按照合同规定，如期、保质、保量地供应，并在现场调度下适时展开设备的安装、调试、示范等作业，保证项目有条不紊地进行，始终处于有序状态。

（5）工程监理。监理是一种社会化监督管理服务，针对的是工程建设过程中的目标规划、动态控制、组织协调、合同管理、信息管理、安全管理等。一般由接受业主委托的监理企业执行，在公平、独立、诚信、科学等原则下，依据工程建设法定标准、经批复的项目设计方案、有法律约束力的合同等要求，履行建设工程安全生产管理法定职责，并形成图纸、方案、影像等各种工程技术资料存档备案，以确保其完整性和准确性。

（6）项目竣工。我国规定，工程竣工必须经五方主体验收合格后才可以竣工。一般来说，项目竣工有两次验收：一次是中间验收，是对工程主体结构进行验收，证明主体结构的安全性；另一次是竣工验收，是对工程全体施工作业进行验收，证明工程实体的可交付性。只有经过了这两次验收，项目竣工。在竣工验收合格后，将各种验收报告交政府相关部门备案、认可和批准，政府相关部门如果发现有违规行为的，可责令停止使用，重新组织验收。

至此，建设期结束，农村沼气工程进入运营期。

4.2.2.3 运营期（function stage）

运营期是从项目建成投产开始至项目设计年限终止所经历的时间，是项目效益缓释时期，主要业务活动如下。

（1）原料供应。农村沼气工程以农业有机废弃物为主要发酵原料，如猪、牛等畜禽排泄物、秸秆、稻壳等农业剩余物以及城市污水等良好的沼气发酵原料。稳定的发酵原料来源是项目可持续运行的保障。目前，农村沼气工程大多以畜禽排泄物为主要发酵原料，这是因为：根据《全国畜禽养殖污染防治条例"十二五"规划》相关规定，养殖企业应该就畜禽排泄物作合理安排。鉴于农村沼气工程在养殖废物处理方面简单易行且成效显著，很多养殖企业都采用了这种处理方式。在这种背景下，农村沼气工程定位于养殖企业附属工程，主要服务于畜禽排泄物处理，可以无偿获取沼气发酵原料。

（2）产品生产。农村沼气工程的产品生产过程是生物学上的微生物厌氧发酵的过程，即蕴含在农业废弃物中的各种有机质在合适的温度、湿度和厌氧条件下，经微生物分解代谢，产生甲烷和二氧化碳的混合气（可燃性沼气）。由于沼气制取慢，有机质损耗低，残留物中富含有机质以及氮、磷、钾等营养元素，可以用来制作沼肥。可以说，农村沼气工程产品生产的核心是生产沼气，并附带沼肥产生。

（3）产品交易。目前，农村沼气工程产品供应形式比较简单，沼气主要经沼气净化存贮输送利用系统供给项目区农村家庭，沼肥也大多经沼肥综合利用系统输送至农田。在产品定价上，沼气价格低廉，沼肥售价更低，在个别地区甚至出现了免费的情况。

综上，农村沼气工程生命周期可以被划分为立项期、建设期和运营期，各阶段都有很多业务活动，如图4-2所示。图中，三角形圆圈表示阶段性开始，矩形圆圈表示阶段性结束，矩形表示业务活动。

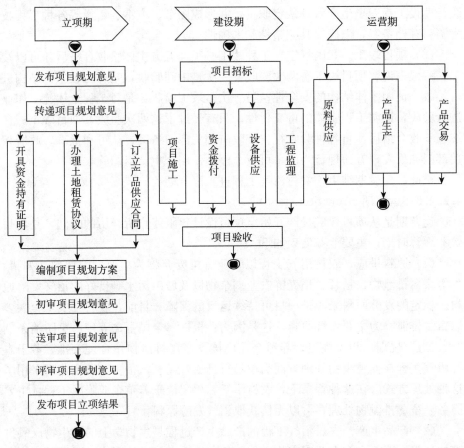

图4-2　农村沼气工程生命周期

4.3　农村沼气工程生命周期阶段性特征分析

农村沼气工程生命周期由立项期、建设期和运营期组成，它们既相互关联，又相对独立，这种独立性主要表现在业务活动的差异性、交付成果的差异性、资源的差异性、利益相关者关系形成过程的差异性。

4.3.1 业务活动的差异性

农村沼气工程生命周期各阶段有很多业务活动，业务活动是对各阶段工作的分解，设集合 M 为所有业务活动的集合，见于公式 4-1。其中，m_i 表示第 i 项业务活动，n 表示业务活动数量。设业务活动集合 $M=\{M_a，M_c，M_f\}$，M_a、M_c、M_f 分别代表立项期业务活动集合、建设期业务活动集合、运营期业务活动集合

$$M=\{m_1，\cdots，m_i，\cdots，m_n\}\ (1\leqslant i\leqslant n) \qquad (4-1)$$

从时间逻辑上看，业务活动主要有两种逻辑关系：强制性逻辑关系和自由性逻辑关系：强制性逻辑关系。强制性逻辑关系是由于业务活动的固有特性而存在的无法改变的逻辑关系。自由性逻辑关系。自由性逻辑关系是指业务活动是可以自由进行的，不存在严格意义上的先行后续的逻辑关系。从图 4-2 中可以看到，农村沼气工程生命周期各阶段的业务活动是不同的，各阶段业务活动的时间逻辑也各不相同。其中，立项期的业务活动以强制性依赖关系为主要表现形式，一个业务活动的开始是以上一个业务活动的终止为标志，而它的结束则代表下一个业务活动有开始的可能；建设期的业务活动兼有强制性依赖关系和自由性依赖关系；运营期的业务活动以自由性依赖关系为主要表现形式，业务活动是可以自由进行的，不存在严格意义上的先行后续的逻辑关系。

4.3.2 交付成果的差异性

交付成果是必须交付的产品、成果或者服务，只有完成了所有交付成果，才完全体现了项目价值。由于生命周期是项目价值形态在不同的时空中以不同的方式实现并产生不同的效果的全流程，所以生命周期各阶段的交付成果必然是不同的，即立项期、建设期、运营期的业务活动有很大的差异性。其中，立项期是项目规划方案的形成时期，以项目规划方案为主要预期交付成果；建设期是项目物理实现时期，以符合成本、工期、质量等标准的建设工程实体为主要预期交付成果；运营期是项目效益缓释时期，以良好的项目运营绩效为主要交付成果，如图 4-3 所示。

值得注意的是，生命周期各阶段的交付成果虽然有很大的差异性，但是它们并不是完全孤立的，而是有一定的联系：①前一阶段的交付成果没有完成，后一阶段就不能开始，或者说，下一阶段交付成果的实现必须以上一阶段交付成果的完成为标志。②上一阶段的交付成果的优劣都会对下一阶段的交付成果产生影响。或者说，一个阶段的交付成果相对于前一阶段是目标值，相对于后一阶段是实际值。例如，立项期的项目规划方案对工程实体质量有决定性影响，直接关系到项目的成败，因为很多出现在建设期的问题大多可归因于项目实施方案中出现的偏差和纰漏。例如，项目融资缺乏论证引起项目资金短缺，

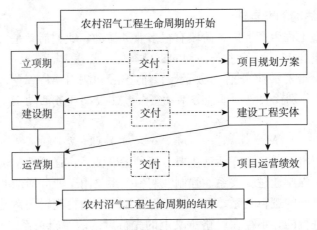

图 4-3　农村沼气工程生命周期各阶段

项目设计不佳会造成不必要的浪费，土地使用权存在争议会引发争端等。再例如，建设期的建设工程实体质量是制约项目运营效果的重要影响因素之一。上一章就指出，施工质量问题是导致项目无法正常运营的重要原因之一，在 14 个未正常运营项目中，4 个项目存在工程施工问题，占比高达 28.57%。

4.3.3　资源的差异性

资源是生产要素的集合，项目实施过程就是对各种资源进行控制、组织、协调和监督的过程。由于农村沼气工程生命周期各阶段交付成果的差异性，为了使交付成果达到最佳，相应的资源在相应的阶段中被操作和使用，各阶段资源也呈差异化趋势。其中，立项期以科学的项目规划方案为主要交付成果，它的实现以丰富的信息资源为支撑；建设期以合格的建设工程实体为主要交付成果，除信息资源外，它的实现还依赖物资和资金。运营期大多围绕原料供应、产品生产和产品交易，由于产品的流向和流量比较固定，较多集中于项目区周边区域，主要包括物资和资金这两种资源形式，如图 4-4。

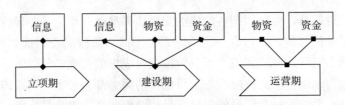

图 4-4　农村沼气工程生命周期的阶段性资源

总的来说，农村沼气工程生命周期包括信息、物资、资金三种资源，且各阶段资源需求是有差异的。其中，信息是一种被加工和处理成特定形式的数据集合，对于信息接收者安排当前和将来的行动有明显的实用价值。物资是以实物形态存在的材料和设备的集合，在使用过程中形成了工程实体，只有一次性使用，其价值以折旧的形式转移到项目成本中去。资金是以货币为主要表现形式，表现为仪器、设备、建材、耗材、产品等固定资金和在制品、制成品等内部流动的资金。资金在不断地运动，只有在运动中才能保存价值并使原有的价值得到增值。

4.3.4 利益相关者的差异性

资源由利益相关者提供，当各种资源在相应的阶段中被使用时，对应的利益相关者就会被调用，表现为随生命周期演变，利益相关者会进入或退出。也就是说，利益相关者在生命周期各阶段是有差异性的。例如，以土地权利人为例，在立项期内，业主为了获取项目实施空间，必须从土地权利人那里流转土地，这就使得土地权利人必然成为立项期的一个利益相关者。当业主拥有土地使用权后，土地权利人的作用已经完成，不再进入后续阶段。再例如，以监理企业为例，在建设期内，农村沼气工程要求业务必须委托监理企业进行工程监理，必然赋予其利益相关者身份，当项目竣工交付使用时，监理企业的功能执行完毕，不会进入后续的运营期。

4.3.5 利益相关者关系的差异性

4.3.5.1 立项期的利益相关者关系

立项期业务活动以强制性依赖关系为主要表现形式，除个别业务活动外，大多数业务依强制性逻辑关系顺次执行，相应地信息和利益相关者则在相应的业务活动中被使用，使业务活动和利益相关者有机地相互关联起来。一旦新的信息从初始业务活动发出后，首先沿着业务活动与利益相关者之间的关联关系传导至初始利益相关者，然后沿着利益相关者之间的关联关系在整个网络中传播和扩散，其他利益相关者在得到信息后做出是否采纳或接受的决定，并向与之相邻的业务活动延伸。

图4-5就是对这一过程的抽象表现：三角形节点表征业务活动，圆形节点表征利益相关者，箭头实线代表业务活动与业务活动的关联关系、实线代表利益相关者与利益相关者之间的关联关系，虚线表示业务活动与利益相关者的关联关系，在初始状态a下，新的信息从初始业务活动发出后，经虚线传导至接收信息的利益相关者a（以黑色节点表示），后黑色节点a会向与之相邻业务活动的白色节点b和c传播信息，即a为信息的发出者，b和c为信息的接收者。b和c如果做出肯定，其发生状态改变，由信息接收者转变为信息发出者，节点颜色从白色变为黑色。下一时刻b，b和c成为新的信息发出者，同样向与其存在相邻业务活动的白色节点d、e、f传播信息，d、e、f如果做出

肯定,业务活动被执行完毕,项目最终得以立项。

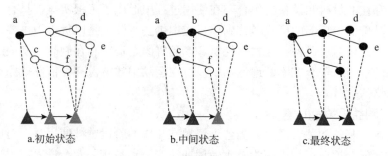

a.初始状态   b.中间状态   c.最终状态

图4-5 立项期利益相关者关系形成过程

从图4-5中可以看到,在立项期内,利益相关者的关联关系是业务活动与业务活动的关联关系、业务活动与利益相关者的关联关系以及利益相关者与利益相关者的关联关系的集合。

4.3.5.2 建设期的利益相关者关系

与立项期不同,建设期业务活动兼具强制性依赖关系和自由性依赖关系。在各种业务活动执行过程中,不同的业务活动依赖不同的资源,有的依赖一种资源;有的则依赖两种或者三种资源,这就需要调动相应的利益相关者,促进它们的互动以实现资源的互补,最终使利益相关者之间的关系表现为信息关系、物资关系、资金关系的合成和叠加,如图4-6所示,节点a和b表征利益相关者a和b,如果节点a和节点b之间存在信息流、物资流和资金流中的一种或者若干种,资源流就可以作用于发

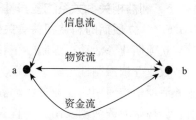

图4-6 建设期利益相关者关系形成过程

送资源的节点a和接收资源的节点b,使两者产生一定的关联关系。

从图4-6中可以看到,在建设期内,利益相关者之间的关联关系形成于信息、物资、资金三种资源交换过程中,是信息关系、物资关系和资金关系的合成和叠加。

4.3.5.3 运营期的利益相关者关系

运营期的业务活动以自由性依赖关系为主要表现形式,主要围绕原料供给、产品生产、产品交易进行,简单的业务活动使产生者、生产者和使用者形成了特别的关联关系,如图4-7所示,节点a、b、c、d分别表征农业废弃物产生者(产生者)、业主、沼气使用者、沼肥使用者,实线表示物资资源流动、虚线资金资源流动,描述了这样一个现象:节点a(产生者)向节点b(业主)

输送农林废弃物，经其制取沼气和沼肥后，将其输送至节点 c（沼气使用者）和 d（沼肥使用者），并向其收取产品使用费用。

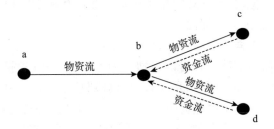

图 4－7 运营期利益相关者关系形成过程

从图 4－7 中可以看到，在运营期内，利益相关者关系简单，主要表现为物资交换关系和资金支付关系，与立项期和建设期不同的是，可以从成本收益视角，对运营期利益相关者关系进行定量化测量。

综上，农村沼气工程生命周期各阶段利益相关者关系结构有很大的差异性，设集合 L 为所有业务活动的集合，见于公式 4－2。其中，l_i 表示第 i 个利益相关者关系，u 表示利益相关者关系数量。设利益相关者关系集合 $L=\{L_a, L_c, L_f\}$，L_a、L_c、L_f 分别代表立项期利益相关者关系集合、建设期利益相关者关系集合、运营期利益相关者关系集合。

$$L=\{l_1, \cdots, l_i, \cdots, l_u\} \quad (1\leqslant i\leqslant u) \qquad (4-2)$$

因此，无论哪一个阶段，利益相关者均以网络状关联关系形式存在，当各方以合理状态嵌入网络时，网络就会被赋予全新的功能；反之，如果以欠佳状态嵌入网络时，网络功能就会遭到不可言状的损害。然而，各阶段利益相关者关系结构是有差异的，表现为迥异的关系网络。因此，结合生命周期各阶段利益相关者关系特点，构建、分析、优化与之相适应的利益相关者关系网络，才可以实现利益相关者结构功能重组，进而更好地实现利益相关者管理。

4.4 本章小结

本章是全书研究的起点，是后续利益相关者管理研究的基础和前提，进行了三方面的研究，分别为农村沼气工程的本质和特点、农村沼气工程的生命周期分析、利益相关者的识别。主要研究结论如下。

（1）农村沼气工程的本质和特点。农村沼气工程是在现代生物学理论指导下，按照生态系统内部物种共生、物质循环、能量多层级利用的生物链原理，通过模拟农业生态系统中"动物生产—微生物分解—植物消费"的生态路径以及整合利用可再生能源技术和高效生态农业技术，最终实现物质闭路循环和能量梯级利用的系统工程。在我国，农村沼气工程的本质是项目，除了项目所具备的一般特征外，它还是一项复合性基础产业，有利于实现"减量化、再使用、再循环"，有很强的外部性。

（2）农村沼气工程生命周期的划分。从项目生命周期理论出发，农村沼气工程有鲜明的生命周期特征，可以被划分为立项期、建设期和运营期。其中，立项期有 10 项业务活动，分别是发布项目规划意见、转递项目规划意见、开具资金持有证明、办理土地租赁协议、订立产供合同、编制项目规划方案、初审项目规划方案、送审项目规划方案、评审项目规划方案、发布项目立项结果；建设期有 6 项业务活动，分别是项目招标、项目施工、资金拨付、设备供应、工程监理、项目竣工；运营期有 3 项业务活动，分别是原料供应、产品生产和产品交易。

（3）农村沼气工程生命周期的特征。农村沼气工程生命周期由立项期、建设期、运营期组成，它们既相互关联，却也相对独立，阶段性特点非常突出，体现在业务活动的差异性、交付成果的差异性、资源的差异性、利益相关者的差异性以及利益相关者关系的差异性上。

5 农村沼气工程利益相关者的识别

上一章划分了农村沼气工程生命周期，随着农村沼气工程由上一个阶段进入下一个阶段，利益相关者进入或者退出，表现为立项期、建设期和运营期有不同的利益相关者。本章将在上一章基础上，开展利益相关者识别研究，以达到深刻认识利益相关者的目的。

5.1 利益相关者的界定

Donaldson 等学者指出，如果连谁是利益相关者都弄不清的话，利益相关者管理就无从谈起了（Donaldson、Presto，1995；Shankman，1999）。因此，利益相关者界定研究从两个层面展开：一是利益相关者的筛选，对项目所有关系人进行利益相关者身份确认，了解利益相关者全景；二是利益相关者的确立，关注利益相关者随生命周期演变的动态演变情况。

5.1.1 利益相关者的筛选

利益相关者界定有很多方法，文献分析法、焦点小组法、专家访谈法等。其中，文献分析法较为客观，却很容易忽略项目背景，与项目管理实践相偏离；焦点小组法和专家访谈法大多出于直觉和经验判断，容易产生遗漏。对此，结合多种方法，本书提出了筛选利益相关者的五个主要步骤：文献分析、头脑风暴、专家评判、名录整合、反馈论证。

第一步，文献分析。目前国内尚未有学者对农村沼气工程利益相关者进行系统性研究，但是农村沼气工程作为我国基本建设项目之一，可以在基本建设项目利益相关者研究领域中得到一些启示。表 5-1 整理了不同学者提名的基本建设项目利益相关者。

表 5-1 基础建设项目的利益相关者

作者	年份	利益相关者界定结果
张野	2003	建设者、承包者、监理者、勘察设计者、设备制造商、土地占有者、第三方监督、政府部门、银行、保险公司
何立华	2006	业主、监理公司、施工企业、物资供应公司、设计公司、政府、金融机构、司法机关、新闻媒体、社区

（续）

作者	年份	利益相关者界定结果
张辉平	2006	业主、总包、政府、监理企业、供货企业、居民、分包
颜红艳	2007	投资人、业主、承包商、项目咨询单位、项目管理公司、监理方、政府、银行、保险公司、非政府组织、社会公众、社区
盛峰	2008	建设者、承包商、监理企业、政府、设计企业、社会公众、供应商、政府
王蕊	2008	投资者、业主、承办商、施工商、材料供应方、监理企业、咨询企业、政府、银行、社区、用户
朱丽	2008	政府部门、建设单位、施工单位、咨询单位、社会公众、施工人员
管荣月	2009	建设企业、用户、政府、金融机构、咨询企业、勘察设计企业、社区、公众、施工企业、监理企业、供应企业
白利	2009	业主、设计企业、施工企业、供应企业、监理企业、金融机构、运营企业、政府、民众
陈岩	2009	建设企业、雇员、投资人、银行、材料供应企业、勘察设计企业、施工建设企业、工程监理企业、政府、环保机构
王进	2009	承包企业、建设企业、勘察设计企业、投资人、社会公众、运营企业、管理人员、政府、银行、工会、社区、保险机构（公司）、环保机构（公司）
郑昌勇	2009	政府、股东、项目建设者、项目运营者、债权人、用户、保险公司、承包商、供应商、咨询方、媒体、公众
牛静敏	2010	开发商、代理商、政府、承包商、顾客、设计商、资金方、材料供应商、监理商、媒体
何威	2010	政府、咨询企业、设计企业、施工企业、金融企业、建设企业、项目公司、运营企业、社会公众

　　第二步，头脑风暴。笔者邀请专家11人，包括河南省农村能源与环境保护总站站长及副站长3名、中国农业科学院高级研究员2名、北京林业大学教授3人、设计单位业务主管2人、施工单位业务主管1人，将文献分析结构告知专家后，开展头脑风暴，畅所欲言地提出农村沼气工程利益相关者名单，笔者将其讨论结果整理成利益相关者备选名录，如图5-1所示。

　　第三步，专家评判。将制作的农村沼气工程利益相关者备选名录（图5-1）交于专家评判，专家认为该备选名录十分全面，却不需要逐一研究，可以按照独立性、实用性、异质性等原则对其进行整合：①独立性原则。独立性原则认为，利益相关者是独立的，在所有权上与他者之间不存在任何隶属关系。假设A是利益相关者，它所具备的独立性体现在A有能力行使自身意愿，并自主

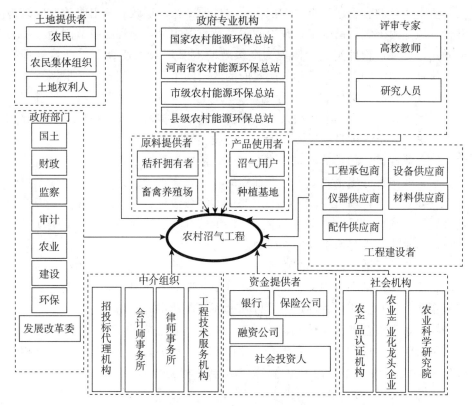

图 5-1 农村沼气工程利益相关者备选名录

地做出行为决策。也就是说，A 可以是政府或者企业，不可以是政府的部门或者是企业的科室。②实用性原则。实用性原则认为，只有对项目进行专用性资产投入，才可以成为利益相关者。假设 A 与项目关系密切，只有当 A 对项目投入信息、物资、资金等资源中的一种或者若干种，才可以成为利益相关者。③异质性原则。异质性原则认为，利益相关者投入的专用性资产应该是异质性的，这种异质性资源造成了个体间相互依赖并且依赖可能呈现非对称特征。假设 A 和 B 都对项目投入了资源，只有当它们投入的资源是不一样的情况下，A 和 B 才可以是利益相关者，否则就应该将两者进行合并，视为一个利益相关者。

第四步，名录整合。依据独立性原则、实用性原则和异质性原则，本书对农村沼气工程利益相关者备选名录进行整理，共确定 15 个利益相关者：上级政府、基层政府、项目业主、村级组织、沼气用户、种植基地、养殖基地、承包方、监理方、供货方、咨询方、银行、招投标代理机构、土地出租方、专家。值得注意的有下述三点：①依据独立性原则，基层政府和上级政府应该被整合，但是由于农村沼气工程政府间关系特点以中央主导和层级节制为主要表现形式，在项目管理实践中体现为上级政府对基层政府逐级下放项目管理权限，这里仍然沿用上级政府和基层政府的政府间关系分析范式。②根据《关于实行建设项目法人责任制的暂行规定》（计建设〔1996〕673 号）相关规定，农村沼气工程必须组建项目法人，在项目实施中承担所有人、投资人、发起人等多重角色，负责项目的投资、策划、建设、管理和经营，这就使得项目虽然由养殖企业修建，却具备独立的法人资格，依据异质性原则，应该将项目业主从养殖企业中拆分出来，成为一个独立的利益相关者。③根据农村沼气工程历年投资计划要求，项目应该达到一定的沼气消费数量、沼肥施用面积、废弃物处理数量，依据异质性原则，沼气用户、种植基地、养殖基地虽然都是项目区公众，但是应该拆分出来，独立研究。

第五步，反馈论证。反馈论证是将利益相关者界定结果反馈给实际企业，并同企业业主讨论利益相关者是否存在重复、遗漏等情况。对此，笔者走访了多家企业，将利益相关者界定结果告知上述企业业主后，均无意见。

综上，设集合 S 为全体利益相关者集合，见于公式 5-1。其中，S_a、S_c、S_f 分别代表立项期利益相关者集合、建设期利益相关者集合、运营期利益相关者集合；s_i 表示第 i 个利益相关者；k 表示利益相关者数量。

$$S = \{S_a, S_c, S_f\} = \{s_1, \cdots, s_i, \cdots, s_k\} \quad (1 \leqslant i \leqslant k) \quad (5-1)$$

5.1.2 利益相关者的确立

本书关注的重点是农村沼气工程生命周期各阶段的利益相关者，由于各阶段首尾衔接且互不重叠，各阶段应该有不同的利益相关者，也就是说，利益相关者应该会随生命周期演变出现动态演化现象，即农村沼气工程由上一个阶段进入下一个阶段，会出现原利益相关者退出和新利益相关者进入，如图 5-2 所示。

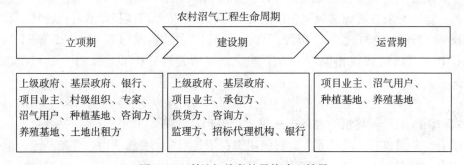

图 5-2 利益相关者的最终确立结果

5.1.2.1 立项期的利益相关者

农村沼气工程有多维属性，承载着经济、生态、社会等多元化价值元素，虽然归项目业主个人所有，较强的经济外部性却使项目单纯依靠私人投资根本无法满足市场。根据《国务院关于投资体制改革的决定》（国发〔2004〕20号）之相关规定：市场不能有效配置的基础设施建设领域，可以政府投资促进当地经济社会发展。于是，上级政府和基层政府成为必不可少的利益相关者，在项目资金筹措、立项事务管理等方面发挥了积极作用。

为了优化项目投资结构、提高项目资金投资效益、克服项目选择随意性，农村沼气工程启动了专家审批程序。目前，专家评审主要围绕项目规划方案的合规性和完备性展开。其一，项目规划方案的合规性是指项目规划方案必须由符合工程咨询认证资质的，拥有专业技术服务人才的，为项目提供规划设计、可行性分析、评估、管理等提供咨询服务的独立法人机构做出，这就赋予咨询方以利益相关者身份。其二，项目规划方案的完备性是指项目规划方案必须满足农村沼气工程投资计划的前置条件和衡量标准，包含废弃物处理数量、沼气消费数量、沼肥消纳面积、项目实施空间等，这就使养殖基地、沼气用户、种植基地、土地出租方成为利益相关者。

农村沼气工程在项目区的实施依赖村级组织的桥梁纽带作用。村级组织是我国大陆地区乡（镇）所辖行政村村民自主选举产生的、实现村民自我管理、自我教育、自我服务的群众性自主组织。它既有协助政府管理行政村事务的职责，也有维护村民合法权益的责任，是各方沟通交流的桥梁和纽带。

在政府资金未全部覆盖项目资金的情况下，各种融资方式不断涌现。银行贷款可以有效缓解投资压力，是项目业主资金来源的主要渠道之一。银行是依法成立的经营货币信贷业务的金融机构，可以信用支持方式参与项目中来，并获取预期的投资收益回报。

5.1.2.2 建设期的利益相关者

立项期结束后，农村沼气工程进入建设期。依据《中华人民共和国招标投标法》相关规定，项目招标必须由招投标代理机构组织实施，这就使得招投标代理机构成为必不可少的利益相关者。招投标代理机构是依法设立并在有关行政主管部门审查认定、从事招标代理业务并提供相关服务的社会中介组织，最大程度地保证了招投标工作的公正、客观和有效。

项目招投标后，在施工准备中，承包方与咨询方会技术交底，共同会审施工图纸。因为如果在图纸会审中发现并纠正一个错误可能只需要几个小时的时间，同样的错误在现场施工中发现往往需要耽搁几天甚至几十天的时间，无疑会延长工期。施工准备完毕后，承包方按照项目批复文件和承包合同，对项目进行新建、扩建、改建、保修。与此同时，供货方必须依照供货合同内容，如期、保质、保量地供应产品，因为如果一些重要物资没有及时到位，就不可能进行其他事项建设。

为了更好地保障建设工程施工质量，根据《中华人民共和国建筑法》《建设工程质量管理条例》《建筑工程监理规范》等相关法律法规，农村沼气工程实行工程监理制。监理方接受项目业主委托后，在公正、客观、科学的原则下，提供目标规划、动态控制、组织协调、合同管理、信息管理、安全管理等工程监理服务。

在资金拨付和使用方面，上级政府将政府资金拨付至基层政府，基层政府对项目的工程进度、质量安全，概算控制、资金使用等方面进行监督检查，并按照集中管理、分段拨付、竣工验收、统一结算的原则，凭项目建设进度报告，分批次地将项目资金拨付至项目业主。此外，根据借款合同规定，银行应该将资金支付给项目业主，由项目业主自行使用。

5.1.2.3 运营期的利益相关者

建设期结束后，农村沼气工程进入运营期。这一时期的业务活动简单，围绕原料供应、产品生产、产品交易，涉及项目业主、沼气用户、养殖基地和种植基地。其中，项目业主上联养殖基地、下承沼气用户和种植基地，位于枢纽地位。养殖基地、沼气用户、种植基地也会反作用于项目业主。例如，当养殖基地经营困难时，废弃物产生量减少，就无法对项目业主提供充足的项目发酵原料，这会对项目造成致命性打击，甚至产生连锁性反应。再例如，当沼气和沼肥无法获得沼气用户和种植基地的认可，就会使项目产品的使用量大幅减少，直接会降低业主的生产积极性和项目的生产能力。

5.2 利益相关者的特征分析

前文界定了利益相关者，这并不意味着就完全掌握了利益相关者的特性（陈宏辉，贾生华，2005）。沃克、马尔指出，如果将利益相关者视为同质的话，几乎无法得出令人信服的结论（沃克，马尔，2003），这就需要利用某些标准或维度，挖掘不同利益相关者的异质性。

5.2.1 利益相关者特征分析维度

分析利益相关者特征，以利益相关者显著模型最为常见。前文已经对该模型相关研究进展予以综述，在此不再赘述，其分析标准和度量维度如表5-2所示。

表 5 - 2　利益相关者特征度量维度

维度	维度定义	学者
合法性	操作规范或者业务流程的不可或缺性	刘向东，2012；Mitchell，1997；陈建成，2010
权力性	实现项目决策力的方法或手段	Mitchell，1997；陈建成，2010；Olander，2005
急迫性	利益要求希望得到关注和满足的程度	王进，2009；Mitchell，1997；陈宏辉，2009
主动性	项目实施的积极性	吕萍，2013；刘向东，2012；陈宏辉，2009
重要性	影响目标实现的能力	Karlsen，2002；陈宏辉，2009
利益性	实现利益要求的程度	Olander，2005；吕萍，2013
风险性	发生损失的可能性	Karlsen，2002
态度	持有积极的或者消极的观点	Karlsen，2002；Nguyen，2009；Olander，2005
获取信息能力	持有的信息优势	高喜珍，2012；Nguyen，2009
谈判能力	博弈能力	高喜珍，2012
责任	承担的职能或者任务	Olander，2005
影响性	项目决策的地位、资源、能力、手段	刘向东，2012；吕萍，2013
参与度	参与项目实施的程度	Nguyen，2009

同理，要分析农村沼气工程利益相关者特征，就必须明确利益相关者特征分析维度。为了更好地反映利益相关者特征，本书制定了农村沼气工程利益相关者特征分析维度调查表（附件 1），并邀请常年从事农村沼气工程管理的河南省 33 个县的农村能源与环境保护站的站长和副站长进行了咨询和访谈，邀请他们结合管理经验，从利益相关者特征分析维度初选清单中的 13 个指标中选取 3 个指标，指标筛选标准是能够充分体现利益相关者个体特征。

本次访谈始于 2014 年 4—6 月，在保证被访者不会受到干扰的前提下，在向被访者详细解释各指标含义的基础上，采用一对一的方式进行。这些被访者最短用时 15 分钟，最多用时 21 分钟，平均用时在 20 分钟左右。在这 33 位被调查人中，从性别分布来看，男性 31 位，女性 2 位，分别占样本总量的 93.9%、6.1%；从年龄分布来看，年龄介于 20～30 岁、31～40 岁、41～50 岁、50 岁以上的分别有 2 位、13 位、17 位、1 位，分别占样本总量的 6.1%、39.4%、51.5%、3%；从工作年限分布上看，工龄在 5 年以下、6～10 年、11～20 年、20 年以上的分别有 9 位、17 位、6 位、1 位，分别占样本总量的 27.3%、51.5%、18.2%、3%。专家筛选情况统计数据如表 5-3 所示。

表 5-3 利益相关者特征分析维度的专家评分结果

分析维度	入选个数	入选比例	分析维度	入选个数	入选比例
合法性	30	30.30%	态度	3	3.03%
权力性	32	32.32%	获取信息能力	2	2.02%
急迫性	17	17.17%	谈判能力	0	0.00%
主动性	2	2.02%	责任	3	3.03%
重要性	3	3.03%	影响性	1	1.01%
利益性	4	4.04%	参与度	2	2.02%
风险性	1	1.01%	—	—	—

从表 5-3 中可以看到，经专家筛选，权力性、合法性和急迫性可以更好地体现农村沼气工程利益相关者特征。上述三个指标定义如下：①权力性。权力是一种手段、影响力和压力的综合，用以达到权力拥有者的目的，例如权威、酬谢、制裁等（李永奎，2010）。这里被定义为权威和地位，以及由此所获得的使他者必须听令于自己的能力。通俗地讲，若 A 具有权力性，那么 A 可以凭借要求 B 做某事，反之，如果 A 没有权力性，那么 B 就没有必要遵照 A 的指令行事。②合法性。在任何制度体系中，制度会通过合法性机制对人类活动产生影响，它有三个层面：第一，实用合法性，是指合法性主体能够得到他者的支持。第二，道德合法性，是指合法性主体被视为有价值的。第三，认识合法性，是指合法性主体被视为是必须的或者必不可少的（Atsushi Tanaka，2006）。通俗地讲，若 A 具有合法性，那么 A 是不可缺少的；反之，A 不具有合法性。③急迫性。急迫性是希望要求得到关注和满足的迫切愿望（Mitchell，1997）。通俗地讲，若 A 有急迫性，A 的要求和愿望必须马上得到满足；反之，A 不具有急迫性。

5.2.2 利益相关者特征分析方法

5.2.2.1 利益相关者特征分类方法

前文分析指出，权力性、合法性和急迫性可以正确区分农村沼气工程利益相关者个体特征的差异性，由此可将利益相关者划分为不同的类型，如图5-3所示。

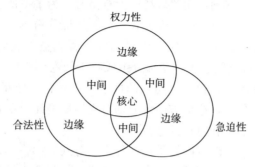

图5-3　利益相关者特征分类方法

从图5-3中可以看到，权力性、合法性和急迫性三个维度可以将利益相关者划分为核心型、中间型和边缘型三种类型，不同类型的利益相关者有不同的行为方式和行为特点。

核心型。是指利益相关者同时满足了权力性、合法性和急迫性。对于这类利益相关者来说，它们有较高的权力性，有和他者讨价还价的能力，可以使他者更好地听令于自己；有明显的合法性，有明确的立项活动参与路径，可以积极地参与到立项事务中来；有强烈的急迫性，希望管理层关注到自身的动机和目的。因此，核心型利益相关者对项目影响力最大，管理者必须非常关注它们，并尽最大可能满足他们的愿望和要求。

中间型。是指利益相关者具备权力性、合法性和急迫性中的任意两种。这类利益相关者与项目联系较为密切，有一定的影响力，有可能利用非正常危险手段来达到目的；有一定的合法性，在很大程度上扮演着一个必不可少的角色；有实施项目的动力和愿望，当利益要求不能得到满足和实现时，往往会采用联合方式以求取关。因此，中间型利益相关者对项目有影响力，但影响力有限，管理者应该注意到它们的存在并在一定程度上实现它们的利益要求。

边缘型。指利益相关者仅具备权力性、合法性和急迫性中的任意一种。其中，仅具备权力性的利益相关者通常处于蛰伏状态，只有自身发挥权力时才被激活；仅具备合法性的利益相关者可以审视环境来确立是否需要发挥自身作用；仅具备急迫性的利益相关者只有实施项目的愿望。总的来说，无论哪一种利益相关者，它们对项目影响力都十分微弱，处于边缘地位，在很多情况下会被管理层忽视和忽略。

5.2.2.2　利益相关者特征分析步骤

利益相关者特征分类方法很好地回答了管理者应该如何对利益相关者加以关注，这对于详细考察利益相关者特性大有裨益。为了不使这种分类方法停留在主观思辨层面，本书以调查问卷方式进行了实证分析。

调查问卷的设计。本书制定了农村沼气工程利益相关者特征分析调查表（见于附件 2）。该调查问卷由 3 个部分组成：①问卷调查的目的及相关概念介绍；②被访者基本信息，包括被访人的性别、年龄、工作年限、单位性质等；③利益相关者特征分析，邀请被访者分别对立项期、建设期和运营期的利益相关者的权力性、合法性和急迫性进行排序。

调查问卷的发放。调查问卷采用两种发放方式：第一种方式是利用河南省农村能源与环境保护总站召开全省会议的契机，对与会人员中河南省各县区农村能源与环境保护站的 24 个站长和 9 个副站长进行面对面的访谈；第二种通过实地调查，对专家、项目业主、监理企业、供货企业等进行一对一的访谈。本次问卷调查发放问卷 120 份，实际回收的有效问卷 118 份，回收率 98.33%。且经整理发现：①从性别分布来看，男性 87 位，女性 31 位，分别占样本总量的 73.72%、26.27%。②从年龄分布来看，年龄介于 20～30 岁、31～40 岁、41～50 岁、50 岁以上的分别有 41 位、34 位、35 位、8 位，分别占样本总量的 34.75%、28.81%、29.66%、6.78%。③从工作年限分布上看，工龄在 5 年以下、6～10 年、11～20 年、20 年以上的分别有 23 位、56 位、27 位、12 位，分别占样本总量的 19.49%、47.46%、22.88%、10.16%。④从单位性质上看，来自工程建筑公司、工程监理公司、政府、设备供应公司、专家团队的分别为 42 位、16 位、33 位、17 位、10 位，分别占样本总量的 35.59%、13.56%、27.97%、14.41%、8.47%。

调查问卷的处理。采用 SPSS 统计软件，对专家评分值进行均值比较（compare means），并利用配对样本 T 检验（paired-samples Test）来判别任意两个均值之间是否存在差异（王陆，刘菁，2008）。

5.2.3　立项期利益相关者特征分析

农村沼气工程利益相关者特征分析调查问卷要求被访者对利益相关者的合法性、权力性、急迫性从高到低进行排序。立项期，以权力性为例，11 个利益相关者依据权力性高低进行排序，"1"代表所对应的利益相关者权力性最高；"11"代表所对应的利益相关者权力性最低，以此类推，将排序转化为数值型数据后，利用 SPSS 统计软件，其均值比较统计结果如表 5-4 所示：①从权力性维度上看，包括上级政府、基层政府、专家、银行、项目业主、村级组织、土地出租方、咨询方、养殖基地、沼气用户、种植基地。②从合法性维度上看，包括专家、基层政府、上级政府、项目业主、村级组织、咨询方、土地出租方、咨询方、养殖基地、沼气用户、种植基地。③从急迫性维度上看，包括专家、基层政府、上级政府、项目业主、村级组织、土地出租方、咨询方、养殖基地、银行、沼气用户、种植基地。

表 5 - 4 立项期利益相关者的均值比较统计结果

		A	B	C	D	E	F	G	H	I	J	K
权力性	最小值	1	1	1	1	1	1	1	1	1	1	1
	最大值	11	11	11	10	11	11	11	11	11	11	11
	均值	2.87	3.12	7.05	3.19	5.97	7.64	9.36	7.02	6.42	7.23	6.14
	标准差	2.50	2.00	2.98	2.30	2.79	2.31	2.02	2.73	2.48	2.35	2.49
合法性	最小值	1	1	1	1	1	1	4	1	2	2	1
	最大值	11	10	11	10	11	11	11	11	11	11	11
	均值	3.53	3.38	6.47	3.01	6.73	7.41	9.25	6.72	6.22	7.03	5.59
	标准差	3.08	2.36	3.52	2.33	2.56	2.40	2.04	2.75	2.22	2.39	2.59
急迫性	最小值	1	1	1	1	1	1	2	1	1	1	1
	最大值	11	11	11	11	11	11	11	11	11	11	11
	均值	4.45	4.21	6.41	2.93	6.97	7.24	9.61	6.40	5.98	6.47	5.33
	标准差	2.84	2.67	3.14	2.35	2.78	2.58	2.23	2.82	2.67	2.65	2.67

备注：第一行的数字 A、B、C、D、E、F、G、H、I、J、K 分别代表上级政府、基层政府、咨询方、专家、银行、沼气用户、种植基地、土地出租方、村级组织、养殖基地、项目业主。表 5-5 同。

马国庆认为，不能简单地根据表 5 - 4 中均值大小来判断某一利益相关者就一定比另一利益相关者更加具有某种属性，因为这没有统计意义（马庆国，2002）。故做进一步的配对样本 T 检验，判断上述每两个变量均值之差与 0 是否具有显著性差异，如表 5 - 5 所示，表中每一空格中第一行的数据表示某一利益相关者在所对应的维度上的均值与另一利益相关者的均值的差值，第二行的数据是 T 检验值。如果均值之差通过了 95% 置信度的检验，则以 * 予以标注；如果没有通过检验，则在均值差值下方以横线形式标注。表中右下角的数据表明，在权力性维度上，养殖基地的均值与项目业主的均值的差值为 1.09，说明项目业主比养殖基地的权力性显著（均值更低），SPSS 软件默认的原假设 H_0 是"这一差值与零没有差异"，统计结果表明对此所做 T 检验值为 5.74，且在 95% 的置信度上软件默认的原假设是错误的（右上角标有 *）。也就是说，几乎可以完全肯定地得出以下结论：项目业主在权力性维度上的评分均值的确要小于养殖基地在权力性维度上的评分均值。

表 5-5　立项期利益相关者配对样本 T 检验

权力性										
	A	B	C	D	E	F	G	H	I	J	K
A	—	—	—	—	—	—	—	—	—	—	—
B	−0.25 / −1.28	—	—	—	—	—	—	—	—	—	—
C	−4.17* / −11.95	−3.93* / −12.47	—	—	—	—	—	—	—	—	—
D	−0.32 / −0.96	−0.07 / −0.26	3.85* / 10.08	—	—	—	—	—	—	—	—
E	−3.09* / −9.17	−2.84 / −8.64	1.08* / 2.84	−2.77* / −7.45	—	—	—	—	—	—	—
F	−4.77* / −13.56	−4.52 / −14.81	−0.59* / −1.57	−4.44* / −12.45	−1.67* / −5.13	—	—	—	—	—	—
G	−6.49* / −21.19	−6.24* / −21.96	−2.31* / −6.92	−6.16* / −20.11	−3.39* / −10.52	−1.72* / −6.21	—	—	—	—	—
H	−4.14* / −11.18	−3.89* / −11.51	0.03 / 0.09	−3.82* / −11.87	−1.05* / −2.60	0.62 / 1.75	2.34* / 6.79	—	—	—	—
I	−3.55* / −10.26	−3.30* / −10.33	0.62 / 1.59	−3.22* / −10.22	−0.45 / −1.55	1.22* / 3.61	2.94* / 10.01	0.59 / 1.57	—	—	—
J	−4.35* / −11.35	−4.11* / −12.36	−0.17 / −0.43	−4.03* / −14.18	−1.26* / −3.14	0.41 / 1.66	2.13* / 7.20	−0.21 / −0.64	−0.80* / −2.35	—	—
K	−3.26* / −8.51	−3.01 / −9.11	0.91* / 2.17	−2.94* / −10.70	−0.16 / −0.41	1.50* / 5.07	3.22* / 10.50	0.88* / 2.47	0.28 / 0.82	1.09* / 5.74	—

合法性										
	A	B	C	D	E	F	G	H	I	J	K
A	—	—	—	—	—	—	—	—	—	—	—
B	0.15 / 0.52	—	—	—	—	—	—	—	—	—	—
C	−2.93* / −6.85	−3.08* / −8.03	—	—	—	—	—	—	—	—	—
D	0.52 / 1.44	0.37 / 1.17	3.45* / 8.31	—	—	—	—	—	—	—	—

（续）

合法性										
	A	B	C	D	E	F	G	H	I	J	K
E	−3.19* −9.64	−3.34* −10.30	−0.26 −0.64	−3.72* −11.37	— —	— —	— —	—	—	—	—
F	−3.87* −9.70	−4.02* −11.88	−0.94* −2.25	−4.39* −12.33	−0.67* −2.05	— —	— —	—	—	—	—
G	−5.72* −16.57	−5.87* −20.46	−2.78* −6.78	−6.24* −20.06	−2.52* −8.57	−1.84* −6.25	— —	—	—	—	—
H	−3.18* −7.58	−3.33* −9.35	−0.25 −0.64	−3.71* −10.69	0.00 0.02	0.68 1.88	2.53* 7.57	—			
I	−2.68* −7.06	−2.83* −8.60	0.24 0.59	−3.21* −11.95	0.50 1.74	1.18* 3.67	3.03* 10.58	0.50 1.42	—		
J	−3.49* −7.89	−3.64* −9.95	−0.55 −1.28	−4.01* −13.39	−0.29 −0.73	0.38 1.44	2.22* 7.50	−0.30 −0.92	−0.80* −2.73		
K	−2.05* −4.63	−2.21* −5.94	0.87 1.90	−2.58* −8.31	1.13* 2.77	1.81* 6.30	3.66* 11.36	1.12* 3.14	0.62 1.96	1.43* 7.22	—

急迫性										
	A	B	C	D	E	F	G	H	I	J	K
A	—	—	—	—	—	—	—	—	—		
B	0.23 1.07	—	—	—	—	—	—	—	—		
C	−1.95* −5.03	−2.19* −5.64	—	—	—	—	—	—	—	—	—
D	1.51* 4.35	1.27* 4.43	3.47* 8.83								
E	−2.51* −7.14	−2.75* −7.39	−0.55* −1.34	−4.03* −11.53							—
F	−2.78* −6.60	−3.02* −7.36	−0.83 −2.07	−4.30* −11.57	−0.27 −0.72						
G	−5.16* −15.00	−5.39* −15.29	−3.20* −9.94	−6.67* −19.29	−2.64* −8.11	−2.37* −7.73					—
H	−1.94* −4.79	−2.18* −5.85	0.00 0.02	−3.46* −10.44	0.56 1.40	0.83* 2.32	3.21* 8.70	—	—	—	—

（续）

	A	B	C	D	E	F	G	H	I	J	K
					急迫性						
I	−1.53*	−1.77*	0.42	−3.05*	0.98*	1.25*	3.62*	0.41	—	—	—
	−3.96	−4.78	0.94	−9.28	3.28	3.51	11.06	1.04			
J	−2.01*	−2.25*	−0.05	−3.53*	0.50	0.77*	3.14*	−0.06	−0.80*	—	—
	−4.66	−5.27	−0.14	−10.00	1.20	3.16	9.84	−0.18	−2.35		
K	−0.88*	−1.11*	1.07*	−2.39*	1.63*	1.90*	4.27*	1.06*	0.28	1.09*	—
	−2.09	−2.78	2.46	−7.50	4.07	6.12	12.24	2.90	0.82	5.74	

根据表5-4、表5-5的统计结果，可以明确11个利益相关者在权力性、合法性、急迫性的排序情况。在统计中，排序的最大分值是11，最小分值为1，将其划分为1~6分和6~11分两个区间，根据这11个利益相关者在各个维度上的评分均值，将其填入相应的单元格中，形成表5-6。值得注意的是，在权力性维度上，项目业主和村级组织的评分均值分别为6.14和6.42，似乎应该划入 [6，11] 的区间，经表5-5的 T 检验结果却显示，上述二者的评分均值与专家的评分均值并没有统计意义上的显著差异，故划入 [1，6）。在合法性维度上，村级组织和咨询方的评分均值分别为6.22和6.47，T 检验结果却显示其与项目业主的评分均值并无统计意义上的显著差异，故划入 [1，6）。在急迫性维度上，土地出租方的评分均值为6.40，T 检验结果却显示其与村级组织的评分均值并无统计意义上的显著差异，故划入 [1，6）。

表5-6 立项期利益相关者特征分类

	[1，6)	[6，11]
权力性	上级政府、基层政府、专家、银行、项目业主、村级组织	土地出租方、咨询方、养殖基地、沼气用户、种植基地
合法性	专家、基层政府、上级政府、项目业主、村级组织、咨询方	土地出租方、咨询方、养殖基地、沼气用户、种植基地
急迫性	专家、基层政府、上级政府、项目业主、村级组织、土地出租方	咨询方、养殖基地、银行、沼气用户、种植基地

从表5-6中可以看到如下情况。

（1）上级政府、基层政府、专家、项目业主和村级组织的权力性、合法性、急迫性的评分均值均在 [1，6），承担核心型利益相关者，与项目联系紧密，有较强的影响力。

（2）银行、咨询方和土地出租方的权力性、合法性、急迫性中至少有一个维度的评分均值在 [1，6），承担中间型利益相关者，与项目联系较为密切，有一定的影响力。

（3）沼气用户、种植基地和养殖基地的权力性、合法性、急迫性的评分均值均在 [6，11]，承担边缘型利益相关者，与项目有所联系，对项目影响力有限，往往受项目所影响。

5.2.4 建设期利益相关者特征分析

同理，建设期的利益相关者在权力性、合法性、急迫性的评分均值比较统计结果如表 5-7 所示，其配对样本 T 检验结果如表 5-8 所示。

表 5-7 建设期的利益相关者的均值比较统计结果

		A	B	C	D	E	F	G	H	I
权力性	最小值	1	1	1	1	1	2	1	1	1
	最大值	9	9	9	9	9	9	9	9	9
	均值	5.18	4.30	3.19	3.87	5.19	5.84	5.81	5.81	5.77
	标准差	3.06	2.65	2.36	2.31	2.46	2.32	1.82	2.27	2.27
合法性	最小值	1	1	1	1	1	1	1	1	1
	最大值	9	9	9	9	9	9	9	9	9
	均值	5.68	4.72	3.28	3.69	4.88	5.54	5.31	5.76	6.13
	标准差	3.34	2.57	2.39	2.15	2.29	2.08	1.95	2.29	2.48
急迫性	最小值	1	1	1	1	1	2	1	1	1
	最大值	9	9	9	9	9	9	9	9	9
	均值	6.19	4.50	2.87	3.39	4.79	5.33	5.47	5.88	6.50
	标准差	2.97	2.69	2.17	2.12	2.29	2.08	1.68	2.23	2.29

备注：第一行的数字 A、B、C、D、E、F、G、H、I 分别代表监理方、项目业主、上级政府、基层政府、招投标代理机构、咨询方、承包方、银行、供货方。

从表 5-7 中可以看到：①从权力性上看，依照均值从小到大排序为：上级政府、基层政府、项目业主、监理方、招投标代理机构、供货方、承包方、银行、咨询方。②从合法性上看，依照均值从小到大排序为：上级政府、基层政府、项目业主、招投标代理机构、承包方、咨询方、监理方、银行、供货方。③从急迫性上看，依照均值从小到大排序为：上级政府、基层政府、项目业主、招投标代理机构、咨询方、承包方、银行、监理方、供货方。

表 5-8　建设期的利益相关者配对样本 T 检验

权力性								
	A	B	C	D	E	F	G	H	I

	A	B	C	D	E	F	G	H	I
A	—	—	—	—	—	—	—	—	—
B	0.88* 3.75	—	—	—	—	—	—	—	—
C	1.99* 5.43	1.11* 3.38	—	—	—	—	—	—	—
D	1.30* 2.96	0.42 1.09	−0.68* −2.31	—	—	—	—	—	—
E	−0.01 −0.03	−0.89* −2.15	−2.00* −5.75	−1.32* −5.98	—	—	—	—	—
F	−0.66 −1.49	−1.54* −3.82	−2.65* −7.44	−1.96* −8.63	−0.64* −4.83	—	—	—	—
G	−0.63 −1.65	−1.51* −4.37	−2.62* −9.29	−1.94* −7.59	−0.61* −2.27	0.02 0.09	—	—	—
H	−0.63 −1.75	−1.51* −4.27	−2.62* −8.74	−1.94* −5.64	−0.61* −1.77	0.02 0.07	0.00 0.00	—	—
I	−0.59* −1.97	−1.47* −4.97	−2.58* −7.44	−1.89* −5.15	−0.57 −1.56	0.06 0.19	0.04 0.14	0.04 0.16	—

合法性								
	A	B	C	D	E	F	G	H	I

	A	B	C	D	E	F	G	H	I
A	—	—	—	—	—	—	—	—	—
B	0.95* 4.33	—	—	—	—	—	—	—	—
C	2.39* 6.22	1.44* 4.76	—	—	—	—	—	—	—
D	1.98* 4.31	1.02* 2.71	−0.41 0.11	—	—	—	—	—	—
E	0.79 1.66	−0.16 −0.41	−1.60* −0.94	−1.18* −0.78	—	—	—	—	—
F	0.13 0.29	−0.82* −2.16	−2.26* −1.59	−1.84* −1.47	−0.66* −0.45	—	—	—	—

（续）

合法性								
A	B	C	D	E	F	G	H	I
G 0.36 0.88	−0.59 −1.63	−2.03* −1.43	−1.61* −1.11	−0.43 0.09	0.22 0.71	—	—	—
H −0.08 −0.22	−1.04* −2.93	−2.48* −1.78	−2.06* −1.41	−0.88* −0.22	−0.22 0.38	−0.44* −1.71	—	—
I −0.44 −1.22	−1.40* −4.08	−2.84* −2.11	−2.43* −1.72	−1.24* −0.53	−0.58 0.08	−0.81* −2.81	−0.36 −1.36	—

急迫性								
A	B	C	D	E	F	G	H	I
A — 	— 	— 	— 	— 	— 	— 	— 	—
B 1.69* 6.94	— 	— 	— 	— 	— 	— 	— 	—
C 3.32* 11.44	1.62* 6.05	— 	— 	— 	— 	— 	— 	—
D 2.80* 6.66	1.11* 2.92	−0.51 −1.70	— 	— 	— 	— 	— 	—
E 1.39* 3.17	−0.29 −0.74	−1.92* −5.59	−1.40* −6.66	— 	— 	— 	— 	—
F 0.86* 2.05	−0.83* −2.16	−2.45* −7.54	−1.94* −9.82	−0.53* −4.51	— 	— 	— 	—
G 0.72* 2.00	−0.97* −2.83	−2.60* −9.28	−2.08* −8.56	−0.67* −2.71	−0.14 −0.60	— 	— 	—
H 0.30 0.82	−1.38* −3.72	−3.01* −9.43	−2.50* −8.46	7.96 −3.44	−0.55 −1.77	−0.41 −1.85	— 	—
I — 	−2.00* −5.73	−3.62* −10.83	−3.11* −9.56	−1.70* −5.06	−1.16* −3.73	−1.02* −3.96	−0.61* −2.33	—

在统计中，排序的最大分值是9，最小分值为1，将其划分为1～5分和5～9分两个区间，根据这9个利益相关者在各个维度上的评分均值，将其填入相应的单元格中，形成表5-9。

表 5 - 9　建设期利益相关者分类

	[1，5)	[5，9]
权力性	上级政府、基层政府、项目业主	监理方、招投标代理机构、供货方、承包方、银行、咨询方
合法性	上级政府、基层政府、项目业主、招投标代理机构	承包方、咨询方、监理方、银行、供货方
急迫性	上级政府、基层政府、项目业主、招投标代理机构	咨询方、承包方、银行、监理方、供货方

从表 5 - 9 可以看到如下情况。

（1）上级政府、基层政府和项目业主的权力性、合法性、急迫性的评分均值均在 [1，5)，承担核心型利益相关者，与项目存在密切的利害联系，甚至可以直接左右项目的生存和发展。

（2）招投标代理机构和承包方的权力性、合法性、急迫性中至少有一个维度的评分均值在 [1，5)，承担中间型利益相关者，它们由于对项目投入了比较重要的信息资源，与项目的关系较为紧密。如果其利益要求没有得到很好的满足或是受到损害时，就很有可能会从蛰伏状态跃升为活跃状态，这种强力的反应可能会直接影响项目的生存和发展。

（3）供货方、咨询方、银行、监理方的权力性、合法性、急迫性的评分均值均在 [5，9]，承担边缘型利益相关者，对项目的影响力有限，往往被动地受到项目的影响。

5.2.5　运营期利益相关者特征分析

同理，运营期的利益相关者在权力性、合法性、急迫性的评分均值比较统计结果如表 5 - 10 所示，其配对样本 T 检验如表 5 - 11 所示。

表 5 - 10　运营期的利益相关者的均值比较统计结果

		项目业主	种植基地	养殖基地	沼气用户
权力性	最小值	1	1	1	1
	最大值	4	4	4	4
	均值	1.76	3.06	2.48	2.69
	标准差	0.87	0.94	0.83	1.33
合法性	最小值	1	1	1	1
	最大值	4	4	4	4
	均值	1.75	3.35	2.67	2.21
	标准差	0.90	0.80	1.12	0.95

（续）

		项目业主	种植基地	养殖基地	沼气用户
	最小值	1	2	1	1
急迫性	最大值	4	4	4	4
	均值	1.58	3.48	1.92	3.00
	标准差	0.80	0.77	0.86	0.78

从表 5-10 中可以看到：①权力性依照评分均值从小到大排序为项目业主、养殖基地、沼气用户、种植基地。②从合法性上看，依照评分均值从小到大排序为项目业主、沼气用户、养殖基地、种植基地。③急迫性依照评分均值从小到大排序为项目业主、养殖基地、沼气用户、种植基地。

表 5-11　运营期的利益相关者的配对样本 T 检验统计结果

	权力性				合法性				急迫性			
	A	B	C	D	A	B	C	D	A	B	C	D
A 项目 业主	—				—				—			
B 种植 基地	−1.30* −10.60	—			−1.60* −13.36	—			−1.89* −18.16	—		
C 养殖 基地	−0.72* −6.04	0.58* 4.80	—		−0.92* −5.88	0.67* 4.51	—		−0.33* −2.44	1.55* 12.49	—	
D 沼气 用户	−0.93* −5.26	0.37* 1.99	−0.21 −1.23	—	−0.45* −3.27	1.14* 9.17	0.46* 2.87	—	−1.42* −11.86	0.47* 3.76	−1.08* −9.46	—

备注：表中行的 A、B、C、D 表示与列对应的利益相关者。

在对调查数据进行描述性统计分析的基础上，对利益相关者的权力性、合法性、急迫性的评分均值进行归类处理，由于专家排序的最大值是 4，最小值为 1，将其划分为 1～2.5 分和 2.5～4 分两个区间，根据这 4 个利益相关者在各个维度上的评分均值，将其填入相应的单元格中，形成表 5-12。

表 5-12　运营期利益相关者分类

	[1, 2.5)	[2.5, 4]
权力性	项目业主	养殖基地、沼气用户、种植基地
合法性	项目业主、沼气用户	养殖基地、种植基地
急迫性	项目业主、沼气用户	养殖基地、种植基地

从表 5-12 中可以看到如下情况。

（1）项目业主在权力性、合法性、急迫性上的分值均处于 [1，2.5），故其承担核心型利益相关者，说明农村沼气工程若要产生良好的绩效，必须十分关注项目业主的愿望和要求，并设法加以满足。

（2）沼气用户在合法性和急迫性上的分值均处于 [1，2.5），故其承担中间型利益相关者，说明虽然沼气用户没有一定的权力来实现自身的利益要求，但是它可以通过联合的方式达到想要的目的，唤起有关主体的关注。

（3）养殖基地和种植基地在任一维度上的分值均处于 [2.5，4]，承担边缘型利益相关者，说明它们与项目的关联程度较弱，对项目的影响也非常小。

5.2.6 结果讨论

综上，在农村沼气工程生命周期中，各阶段的核心主体是不一样的，立项期以上级政府、基层政府、专家、项目业主为核心；建设期以上级政府、基层政府、项目业主为核心；运营期以项目业主为核心，如图 5-4 所示。

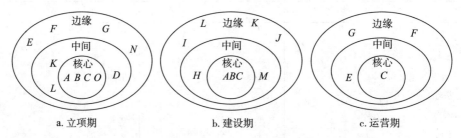

图 5-4　生命周期视角下利益相关者分类结果

备注：图中 A、B、C、D、E、F、G、H、I、J、K、L、M、N、O 分别代表上级政府、基层政府、项目业主、村级组织、沼气用户、种植基地、养殖基地、承包方、监理方、供货方、咨询方、银行、招投标代理机构、土地出租方、专家。

在农村沼气工程生命周期中，各阶段以不同的利益相关者为核心，这值得引起深入思考。

（1）立项期，传统的以政府为主导的项目立项决策体系未发生明显改变，养殖基地、沼气用户、种植基地等社会公众边缘化问题依然突出，形式化参与十分明显。项目立项决策过程是一个利益再分配过程，各利益相关者充分表达利益期许和切实参与立项决策是项目决策科学化和民主化的内在要求，也是提升项目社会向心力的有效路径。它不再是一种单向的渴望，而是各方的共同期待。因此，如何在不变更项目立项流程的前提下，提升各方参与立项决策的广度和深度，是立项期利益相关者管理的核心问题。

（2）建设期，以上级政府、基层政府、项目业主为核心，承包方、供货方、监理方等建设者的独立作用没有得到有效的发挥，理想状态的农村沼气工程"投—建"分离尚未真正实现。项目建设过程是一个利益博弈过程，博弈改变着资源的流向和流量，最终影响着各方利益要求的实现与满足。在目前"投—建"分离尚未真正实现的情况下，政府的强大影响力汇集了大量资源，其他利益相关者很容易被"挟持"，没有办法真正行事，很容易成为政府代言人。因此，如何提升建设者履职能力，充分发挥业务专长，从根本上保障工程实体质量，是建设期利益相关者管理的核心问题。

（3）运营期，以项目业主为核心，负载过重，难以发挥引领功能。项目运营过程是引领沼气产业向纵深发展的过程，这需要利益相关者的合作和合力。然而，以项目业主为核心的现有格局在一定程度上解释了为什么农村沼气工程经历了数十年发展，却仍然停留在个别企业单打独斗的阶段，市场化落后，产业化进程不明显。因此，如何改变现有格局，使之成长为具有现代化内涵的新型能源产业和循环农业产业，是运营期利益相关者管理的核心问题。

5.3　本章小结

本章是在第 4 章的基础上，进行了农村沼气工程利益相关者识别研究，主要从利益相关者界定和利益相关者特征分析两方面展开，主要研究结论如下。

利益相关者的界定。利益相关者界定主要回答了"谁是农村沼气工程的利益相关者"，这个问题十分基础，却非常必要。如果连利益相关者都不清楚的话，利益相关者管理就无从谈起了。为了使利益相关者界定方法更加科学，本书充分借鉴国内外相关研究成果，提出了以文献分析、头脑风暴、专家评判、名录整合和反馈论证来界定利益相关者，寻找到农村沼气工程 15 个利益相关者，分别为上级政府、基层政府、项目业主、村级组织、沼气用户、种植基地、养殖基地、承包方、监理方、供货方、咨询方、银行、招投标代理机构、土地出租方、专家。它们有的贯穿于全生命周期，有的仅在个别阶段出现。其中，立项期有 11 个利益相关者，分别为上级政府、基层政府、银行、项目业主、村级组织、专家、沼气用户、种植基地、咨询方、养殖基地、土地出租方；建设期有 9 个利益相关者，分别为上级政府、基层政府、项目业主、承包方、供货方、咨询方、监理方、招投标代理机构、银行；运营期有 4 个利益相关者，分别为项目业主、沼气用户、种植基地、养殖基地。

利益相关者的特征分析。寻找到利益相关者并不等同于掌握了利益相关者特性，如果将利益相关者视为同质的话，会使利益相关者管理的理论和实践都陷入困境。对此，笔者借鉴了 Mitchell 的利益相关者显著模型，从权力性、合法性、急迫性将利益相关者划分为核心、中间、边缘三种类型。经实证分析发现，生命周期各阶段的核心主体是不一样的，立项期以上级政府、基层政府、专家、项目业主为核心；建设期以上级政府、基层政府、项目业主为核心；运营期以项目业主为核心，这反映出在现行的利益相关者管理实践中的诸多问题：立项期，传统的以政府为主导的项目立项决策体系未发生明显改变，养殖基地、沼气用户、种植基地等社会公众边缘化问题依然突出，形式化参与十分明显；建设期，以上级政府、基层政府、项目业主为核心，承包方、供货方、监理方等相关主体的独立作用没有得到有效的发挥，理想状态的农村沼气工程"投—建"分离尚未真正实现；运营期，以项目业主为核心，使项目业主负载过重，难以发挥引领功能。上述研究确定了本书的研究边界，明晰了分阶段的利益相关者管理研究更加有科学性。

6 立项期利益相关者管理研究

第5章分析指出，立项期以上级政府、基层政府、专家和项目业主为核心，以政府主导的项目立项决策体系使其他利益相关者形式化参与问题十分突出。前文分析指出，信息资源流动使利益相关者不是孤立的，而是与业务活动和其他利益相关者紧密联系的，最终使利益相关者关系网络表现为业务活动与业务活动之间的关系网络、业务活动与利益相关者之间的关系网络、利益相关者与利益相关者之间的关系网络的集结（图4-5）。刻画和描述多个关系网络之间相互作用的超网络模型对于解决此类问题有良好的适用性。对此，本章从三个层次展开研究：首先，综合业务活动和利益相关者两个视角，将业务活动与业务活动之间的关系网络、业务活动与利益相关者之间的关系网络、利益相关者与利益相关者之间的关系网络有机地集结起来，以利益相关者超网络模型表示。其次，结合立项期利益相关者特点，利用利益相关者超网络模型，完成立项期利益相关者超网络模型的构建、分析和优化，以更好地实现立项期利益相关者管理。再次，引入 HRWF 公司为典型案例，进行实例验证，验证合理性和有效性。本章逻辑关系如图6-1所示。

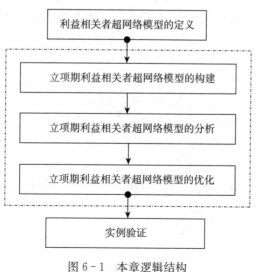

图6-1　本章逻辑结构

6.1 利益相关者超网络模型的定义

超网络理论认为，超网络模型刻画多个网络间的相互作用和关联。利益相关者超网络模型是描述业务活动与业务活动之间的关系网络、业务活动与利益相关者之间的关系网络、利益相关者与利益相关者之间关系网络的相互作用和关联，也就是业务网、主体-业务网和主体网的集结和叠加。

定义 1：业务网 N_m（mission network，简称 N_m）。

业务网 N_m 是对业务活动及其强制性逻辑关系的抽象与映射。第 4 章分析指出，业务流程决定业务活动，业务活动逻辑关系有两种，强制性逻辑关系和自由性逻辑关系。对比自由性逻辑关系，设业务活动强制性逻辑关系集合 Γ，见于公式 6-1。其中，m_i 表示第 i 项业务活动，n 表示业务活动数量，$\langle m_i \mid m_j \rangle$ 代表业务活动 m_i 是业务活动 m_j 的紧前业务。或者说，业务活动 m_j 是业务活动 m_i 的紧后业务，表示 m_j 必须在 m_i 完成之后才能开始。若 $m_i \in \Gamma$（$1 \leqslant i \leqslant n$），则以业务活动为节点（nodes），以业务活动之间的强制性依赖关系为边（lines），构建一个业务网 N_m。由于业务网 N_m 中的节点是同质的，均由业务活动抽象而成，故为 1-模网络（one-mode network）。

$$\Gamma = \{\langle m_i \mid m_j \rangle\} \quad (1 \leqslant i \neq j \leqslant n) \tag{6-1}$$

（1）以集合表示的业务网 N_m。集合 M 是业务活动集合（公式 4-1），集合 L_{m-m} 为业务活动强制性逻辑关系集合，业务网 N_m 则可以集合形式表达，分别见于公式 6-2、公式 6-3、公式 6-4。式中，$\beta(m_i, m_j)$ 代表业务活动 m_i 与业务活动 m_j 之间的强制性逻辑关系，且若业务活动 m_i 与业务活动 m_j 之间存在强制性依赖关系，$\beta(m_i, m_j) = 1$；否则，$\beta(m_i, m_j) = 0$。

$$M = \{m_1, \cdots, m_i, \cdots, m_n\} \quad (1 \leqslant i \leqslant n) \tag{6-2}$$

$$L_{m-m} = \{(m_i, m_j) \mid \beta(m_i, m_j) = 1\} \quad (1 \leqslant i \neq j \leqslant n) \tag{6-3}$$

$$N_m = \{M_a, L_{m-m}\} \tag{6-4}$$

（2）以矩阵表示的业务网 N_m。除集合表示形式外，业务网 N_m 还可以邻接矩阵 $\boldsymbol{N}_m = [\beta(m_i, m_j)]$ 表达，见于公式 6-5。

$$\boldsymbol{N}_m = \begin{bmatrix} \beta(m_1, m_1) & \beta(m_1, m_2) & \cdots & \beta(m_1, m_n) \\ \beta(m_2, m_1) & \beta(m_2, m_2) & \cdots & \beta(m_2, m_n) \\ \vdots & \vdots & & \vdots \\ \beta(m_n, m_1) & \beta(m_n, m_2) & \cdots & \beta(m_n, m_n) \end{bmatrix} \tag{6-5}$$

定义 2：业务-主体网 N_{ms}（mission-stakeholders network，简称 N_{ms}）。

业务-主体网 N_{ms} 是对业务活动和利益相关者之间的"多对多"的映射。若

$m_i \in \Gamma$（$1 \leqslant i \leqslant n$），则说明业务活动依强制性逻辑关系顺序执行时，相应的信息资源和相关的利益相关者就会被调用至所对应的业务活动中来。一般来说，一个利益相关者可以参加很多项业务活动，一项业务活动可以被很多个利益相关者共享，若以利益相关者和业务活动为节点，以业务活动和利益相关者之间的"多对多"的映射关系为边，就可以构建一个业务-主体网 N_{ms}。在业务-主体网 N_{ms} 中，节点有两种类型：一类节点代表利益相关者，另一类节点代表业务活动，故主体-业务网 N_{ms} 为 2-模网络（two-mode network）。

（1）以集合表示的业务-主体网 N_{ms}。集合 S 为利益相关者集合（公式 5-1），集合 L_{m-s} 为业务活动和利益相关者的"多对多"关系的集合，则业务-主体网 N_{ms} 可以集合形式表达，分别见于公式 6-6、公式 6-7、公式 6-8。其中，s_j 表示第 j 个利益相关者，k 表示利益相关者数量，$\varphi(m_i, s_j)$ 表示业务活动 m_i 由利益相关者 s_j 参与，且如果利益相关者 s_j 参与了业务活动 m_i，$\varphi(m_i, s_j) = 1$；反之，$\varphi(m_i, s_j) = 0$。

$$S = \{s_1, \cdots, s_i, \cdots, s_k\} \quad (1 \leqslant i \leqslant k) \tag{6-6}$$

$$L_{m-s} = \{(m_i, s_j) \mid \varphi(m_i, s_j) = 1\} \quad (1 \leqslant i \leqslant n, 1 \leqslant j \leqslant k) \tag{6-7}$$

$$N_{ms} = \{M, S, L_{m-s}\} \tag{6-8}$$

（2）以矩阵表示的业务-主体网 N_{ms}。除集合表示形式外，业务-主体网 N_{ms} 还可以邻接矩阵 $\mathbf{N}_{ms} = [\varphi(m_i, s_j)]$ 表达，见于公式 6-9。

$$\mathbf{N}_{sm} = \begin{bmatrix} \varphi(m_1, s_1) & \varphi(m_1, s_2) & \cdots & \varphi(m_1, s_k) \\ \varphi(m_2, s_1) & \varphi(m_2, s_2) & \cdots & \varphi(m_2, s_k) \\ \vdots & \vdots & & \vdots \\ \varphi(m_n, s_1) & \varphi(m_n, s_2) & \cdots & \varphi(m_n, s_k) \end{bmatrix} \tag{6-9}$$

定义 3：主体网 N_s（stakeholders network，简称 N_s）。

主体网 N_s 是对利益相关者及其信息资源交换关系的映射。对于参与同一项业务活动的利益相关者来说，任意两者之间必然存在信息交换关系，这种关系既可以形成于面对面的访谈，也可以形成于书面文字的传递。若将利益相关者抽象为节点，且将利益相关者之间的信息交换抽象为边的话，就可以构建一个主体网 N_s。由于主体网 N_s 中的节点是同质的，均由利益相关者抽象而成，故为 1 模网络（one-mode network）。

（1）以集合表示的主体网 N_s。设集合 L_{s-s} 为利益相关者之间信息资源交换关系的集合，则主体网 N_s 可以集合形式表达，分别见于公式 6-10、公式 6-11。其中，$\alpha(s_i, s_j)$ 代表利益相关者 s_i 与利益相关者 s_j 的信息资源交换关系，且规定：如果利益相关者 s_i 与利益相关者 s_j 存在信息资源交换，$\alpha(s_i, s_j) =$

α $(s_j, s_i)=1$；否则，$\alpha(s_i, s_j)=\alpha$ (s_j, s_i) $=0$。

$$L_{s-s}=\{(s_i, s_j) \mid \alpha(s_i, s_j)=1\} \ (1\leqslant i\neq j\leqslant k) \quad (6-10)$$

$$N_s=\{S, L_{s-s}\} \quad (6-11)$$

（2）以矩阵表示的主体网 **N_s**。除集合表示形式外，主体网 N_s 还可以邻接矩阵主体网 **N_s**$=\left[\alpha$ $(s_i, s_j)\right]$表达，见于公式 6-12。

$$N_s=\begin{bmatrix} \alpha\ (s_1, s_1) & \alpha\ (s_1, s_2) & \cdots & \alpha\ (s_1, s_k) \\ \alpha\ (s_2, s_1) & \alpha\ (s_2, s_2) & \cdots & \alpha\ (s_2, s_k) \\ \vdots & \vdots & & \vdots \\ \alpha\ (s_k, s_1) & \alpha\ (s_k, s_2) & \cdots & \alpha\ (s_k, s_k) \end{bmatrix} \quad (6-12)$$

根据上述映射关系，可以将业务网N_m、业务-主体网N_{ms}和主体网N_s集结成为包含两种类型节点的超网络，即利益相关者超网络（stakeholder super network model，简称 SSN），如公式 6-13 所示。

$$SSN=\{M, S, L\}=\{M, S, L_{m-m}, L_{m-s}, L_{s-s}\} \quad (6-13)$$

6.2 立项期利益相关者超网络模型的构建

立项期，业务活动以强制性逻辑关系为主要表现形式，一旦新的信息从初始业务活动发出后，就会依照业务活动的启动终止条件和时间逻辑顺序，沿着业务活动与业务活动之间的关系网络、业务活动与利益相关者之间的关系网络以及利益相关者与利益相关者之间的关系网络进行传播和扩散，形成了三种性质的网络。由于这三种网络有机地联系在一起，单独对其进行构建和分析，既十分烦琐又无法得到令人信服的结论，考虑将其集结，构建立项期利益相关者超网络模型。

构建立项期利益相关者超网络模型，笔者认为内容分析法较为适宜。内容分析法（content analysis）是一种基于定性研究的量化分析方法，即对特定文献中的预定概念或者预定概念的语义信息及其变化所进行的统计分析（路菲，2003），以进行可再现的、有效的推断（邱均平，邹菲，2004）。它被广泛地应用于任何有文献或有记录的传播交流事件中，例如国际贸易（Tseng，2010）、电子商务（王君泽，王雅蕾等，2011）、出版物引用（周翔，2010）、文献互引关系（Tseng，2010）等。该种分析方法有一套完整的标准化操作程序，即提出研究问题、抽取文献样本、制定分析体系、内容编码与统计（肖雪，周静，2013）。依据以上标准化操作程序，利用内容分析法来构建立项期利益相关者超网络模型的主要步骤如下。

第一步，提出研究问题。内容分析法以客观世界的可知论为前提，运用统计、比较、推理等多种方法来透过现象看本质。在分析时，明确研究的目的、范围、假设等十分必要（吴小雷，2005）。立项期利益相关者超网络模型拟解决的关键问题是"利益相关者在立项期的关系是怎样的"。为了解决这一问题，特进行如下假设：农村沼气工程隶属于我国基本建设项目的范畴，业务活动往往不是一种自发的行为，而是服从一定的行政指令，故假设业务网N_m在短时期内不发生变动。

第二步，抽取文献样本。内容分析法是通过精读、理解、阐释特定文献中的预定概念以及预定概念的语义信息，以达到深刻了解作者真实意图之目的（卜卫，1997）。这样一来，样本的"量"就十分重要。样本在理论上可以是文字、图像、音频和视频，在实际研究中却必须符合研究目的、信息量充沛、内容体例基本一致等要求（李明，2009）。故本书仅考虑文字记录，图像、音频、视频等均不计入其中。同时为了保证样本量的丰富性和多样性，它应该有多种来源，例如政策法规、政府批文、企业文本等。

第三步，制定分析体系。分析体系主要包含两个方面：分析单元和分析内容。根据已设定的研究问题，内容分析法是为了从大量样本中深度挖掘利益相关者关系数据，以此来构建立项期利益相关者超网络模型。故应该将分析单元设定为文字记录中所有涉及利益相关者的词组、句子和段落，其分析内容应该是对涉及利益相关者的词组、句子和段落进行词频统计。

第四步，内容编码与统计。虽然内容分析法可以采用计算机编码或者人工编码。根据样本性质，这里选择人工编码。Krippendorff认为，如果采用人工编码作业，为保证词频统计的有效性和互斥性，编码工作应该由2名编码员独立完成（Krippendorff，2004）。进一步地，为了诊断2名编码员的词频统计结果是否一致，Landis和Koch指出，Kappa检验是较为理想的指标（Landis，Koch，1977）。只有通过检验，词频统计结果才有最终说服力。

第五步，超网络建立。在2名编码员统一标注涉及利益相关者语句的基础上，通过动词人工识别，将利益相关者及其业务活动进行识别，分别构建业务-主体网N_{ms}和主体网N_s，并将业务网N_m、业务-主体网N_{ms}和主体网N_s这三种子网络进行集结，形成立项期利益相关者超网络模型。

在上述五个步骤指导下，立项期利益相关者超网络理论模型得以建立，如图6-2中所示。图中，圆形节点表示业务活动m_i（$m_i \in M_a$），矩形节点表示利益相关者s_i（$s_i \in S_a$），圆形节点与圆形节点之间的连线代表业务活动强制性逻辑关系L_{m-m}，圆形节点和矩形节点之间的连线代表业务活动和利益相关者之间的"多对多"的映射关系L_{m-s}，矩形节点以及矩形节点之间的连线代表利益相关者之间信息资源交换关系L_{s-s}。故圆形节点及其连线形成了业务网N_m；

圆形节点、矩形节点以及连线组成了业务-主体网N_{ms}；圆形节点及其之间的连线组成了主体网N_s，将业务网N_m、业务-主体网N_{ms}、主体网N_s加以集结和耦合，就可以得到立项期利益相关者超网络理论模型，如公式6-14所示。

$$SSN = \{M_a, S_a, L\} = \{M_a, S_a, L_{m-m}, L_{m-s}, L_{s-s}\}$$

$$(6-14)$$

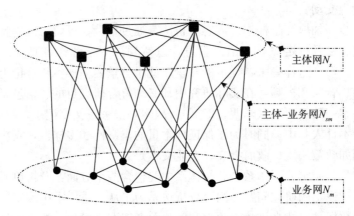

图6-2 立项期利益相关者超网络概念模型

6.3 立项期利益相关者超网络模型的分析

立项期利益相关者超网络模型的建立证实了利益相关者存在于超网络之中，在功能服从形式的思想下，有足够理由相信，诸多个体行为方式是由超网络结构所决定或者受到超网络结构所影响。超网络结构之所以能够影响个体行为方式，是因为其中优势的个体位势可以帮助其占据者与彼此间不直接关联的个体建立起联系，并通过控制这一通道来获取更多的资源优势（章杰宽，2013）。一般来说，优势的个体位势有两种：结构洞和中心性（李志红，2010）。然而，注重非冗余关系为个体带来控制利益的结构洞在超网络中已经失去了其揭示个体行为方式和资源流动规律的作用，而侧重于衡量节点是否居于超网络中心位置的中心性则在这一问题上提供了帮助。因此，本书提出联合中心度和联合中介度，用以测量个体位势差异性。

一方面，联合中心度（co-ordinated degree centrality，简称CoDC），是与目标节点s_i（利益相关者s_i）直接关联的边的条数（战洪飞，刘则晴，2014）。系数越大，目标节点s_i（利益相关者s_i）拥有的关系越多，信息来源就越广，越有利于用较低的成本和更高的效率来挖掘信息，使自身处于各种信息的交汇处。对于目标节点 s_i（利益相关者 s_i）来说，既与业务活动关联，亦与利益相关者关联，应该综合考虑，其计算过程如下：①计算同质节点度（homogeneous degree centrality，简称 HoDC）。同质节点度 $HoDC$ 是主体网 N_s 中与目标节点 s_i（利益相关者 s_i）直接关联的同质边的个数，如公式 6-15 所示。②计算异质节点度（heterogeneous degree centrality，HeDC）异质节点度 $HeDC$ 是在主体-业务网 N_{sm} 中与目标节点 s_i（利益相关者 s_i）直接连接的边的个数，如公式 6-16 所示。③计算联合中心度 $CoDC$。对于目标节点 s_i（利益相关者 s_i）来说，既存在与之关联的同质边，亦存在与之关联的异质边，二者相加即为联合节点度，同时，为了便于比较，对其进行标准化处理，其公式见于 6-17。

$$HoDC(s_i) = \sum_{j=1}^{k} L_{s_i - s_j} \ (1 \leqslant i \neq j \leqslant k) \tag{6-15}$$

$$HeDC(s_i) = \sum_{t=1}^{n} L_{m_t - s_i} \ (1 \leqslant i \leqslant k, \ 1 \leqslant t \leqslant n) \tag{6-16}$$

$$CoDC(s_i) = \frac{HoDC(s_i) + HeDC(s_i)}{n + m - 1} \ (1 \leqslant i \neq j \leqslant k; \ 1 \leqslant t \leqslant n) \tag{6-17}$$

另一方面，联合中介度（co-ordinated betweenness centrality，简称 CoBC），是建立网络流动内容仅仅沿着最短路径来传播这个假设基础之上的，系数越大，目标节点 s_i（利益相关者 s_i）位于最短路径的概率越大，越可以对其两端的资源加以吸收和利用，特别是当其意欲控制资源流动时，资源传递必然会出现扭曲、过滤和噪音的问题（庞科，陈京民，2011）。对于目标节点 s_i（利益相关者 s_i）来说，既与业务活动关联，亦与利益相关者关联，应该综合考虑，其推导过程如下：①计算同质中介度（homogeneous betweenness centrality，HoBC）。同质中介度 $CoBC$ 衡量了目标节点 s_i（利益相关者 s_i）在主体网 N_s 中对网络流动内容的控制能力，如公式 6-18 所示。式中，g_{pq} 是节点对（s_p，s_q）之间最短路径总数，$\sum_{p<q}(s_i)$ 是节点对（s_p，s_q）之间通过节点 s_i 的最短路径。如公式 6-18 所示，同质节点度 $HoBC$ 度量了在所有节点对之间的最短路径中，经过节点 s_i 的路径的数目占最短路径总数的比例，取值范围是 $[0, (k-1)(k-2)/2]$，当 s_i 没有位于任何最短路径上，$HoBC(s_i)$ 为 0；当 s_i 位于除 s_i 外的所有最短路径上，$HoBC(s_i)$ 为 $(k-1)(k-2)/2$。②同质中介度 $HoBC$ 的标准化处理。为了便于比较，可以将同质中介度 $HoBC$ 进行标准化处理，如公式 6-19 所示。因此，标准化处理后的同质节点度 $HoBC'(s_i)$ 取值范围均为 $[0,1]$，当 s_i 没有位于任何最短路径上，$HoBC'(s_i)$

为 0；当 s_i 位于除 s_i 外的所有最短路径上，$HoBC'(s_i)$ 为 1。③异质性节点连接力 ρ_{s_i}。对于目标节点 s_i（利益相关者 s_i）而言，只有当一对业务活动都映射于该节点，它才能够获得异质节点连接力（刘法建，陈冬冬，等，2016），如公式 6-20 所示。式中，节点 s_j 为与节点 s_i 共同参与的业务活动 m_t 的另一利益相关者，τ_{ij} 为节点 s_j 为与节点 s_i 共同参与的业务活动的数量。ρ_{s_i} 反映了业务-主体网 N_{ms} 中节点 s_i 在多大限度上位于共享其所有业务活动的捷径上，其取值范围为 [0，1]。④计算联合中介度 $CoBC$。$CoBC$ 综合评估了节点对同质性节点和异质性节点的中介能力，如公式 6-21 所示。

$$HoBC(s_i) = \frac{\sum_{p<q}(s_i)}{g_{pq}} \quad (1 \leqslant i \neq p \neq q \leqslant k) \qquad (6-18)$$

$$HoBC'(s_i) = \frac{\sum_{p<q}(s_i)/g_{pq}}{(k-1)(k-2)/2} \quad (1 \leqslant i \neq p \neq q \leqslant k)$$

$$(6-19)$$

$$\rho_{s_i} = \frac{1}{2}\sum_{s_i,s_j} \in m_t \frac{1}{\tau_{ij}} \quad (1 \leqslant i \neq j \leqslant k; 1 \leqslant t \leqslant n) \quad (6-20)$$

$$CoBC(s_i) = HoBC'(s_i) \times \rho_{s_i} \quad (1 \leqslant i \leqslant k) \qquad (6-21)$$

综上，联合中心度 $CoDC$ 和联合中介度 $CoBC$ 从不同角度出发，揭示了节点个体位势的差异性。对于联合中心度 $CoDC$ 来说，大多数节点的联合中心度 $CoDC$ 较低，少数节点的联合中心度 $CoDC$ 很高，其分布曲线在远离峰值处呈指数下降。只有在极端情况下，所有节点一一相连，各节点联合中心度 $CoDC$ 是相等的，均分布在一个尖峰上（Yamada，Imai，Nakamura，et al.，2011；王志平、王众托，2008）。因此，设联合中心度 $CoDC$ 的均值为 $\overline{CoDC}$，若 $CoDC(s_i) \geqslant \overline{CoDC}$，$s_i \in S_a$ 时，目标节点 s_i 的度中心性显著；反之，则节点的度中心性不显著。对于联合中介度 $CoBC$ 来说，其分布会出现长尾现象，即度值为 0 的节点数量比重最大，少数节点才有度值（Yamada，Imai，Nakamura，et al.，2011；王志平、王众托，2008）。因此，设定 0 值为阈值，若 $CoBC(s_i) \geqslant 0$，$s_i \in S_a$ 时，节点的中介中心性显著，反之，则节点的中介中心性不显著。于是，立项期利益相关者超网络个体位势有下述三种情形，如下所示。

（1）劣势的个体位势。对于任意节点 s_i 来说，若满足 $CoDC(s_i) < \overline{CoDC} \cap CoBC(s_i) = 0$，$s_i \in S_a$，表明节点 s_i 未占据超网络中心地位，这种劣势的个体位势犹如限制了它们的信息吸收能力，无法对现有信息进行加工和利用以及对未来信息进行挖掘和赚取。

（2）次优的个体位势。次优势的个体位势有两种：一种情形是对于任意节

点 s_i 来说，若满足 $CoDC(s_i) \geqslant \overline{CoDC} \cap CoBC(s_i) = 0$，$s_i \in S_a$，这意味着节点 s_i 参与了更多的业务活动，且与他者形成了更加紧密的关系，是信息交换的"中转站"，在信息获取数量上比较占有优势。另一种情形是对于任意节点 s_i 来说，若满足 $CoDC(s_i) < \overline{CoDC} \cap CoBC(s_i) \neq 0$，$s_i \in S_a$，这意味着节点 s_i 位于最短路径上的概率很大，其优势来源于所创造的中介性机会，是信息交换的"处理器"，在信息控制效率上比较占有优势。

（3）最优的个体位势。对于任意节点 s_i 来说，若满足 $CoDC(s_i) \geqslant \overline{CoDC} \cap CoBC(s_i) \neq 0$，$s_i \in S_a$，这种情形意味着节点 s_i 既是信息交换的"中转站"，也是信息交换的"处理器"，有信息来源多、信息覆盖全、信息传播广等特点，在信息传播过程中拥有绝对优势，是不可缺少的重要角色。

6.4　立项期利益相关者超网络模型的优化

立项期，利益相关者在信息资源交换中以超网络结构存在，其中任意个体都会受到超网络的结构性约束，表现为既定的个体位势以及由此产生的差异性的信息资源量，这说明了信息资源在利益相关者之间不是均匀分布的。然而，项目立项决策的科学化和公正化则希望在最大程度上避免信息遗漏，防止各方由于信息缺失而做出错误的决定。为此，本节将开展立项期利益相关者超网络模型优化研究。

6.4.1　优化目标

上一节分析指出，在超网络结构中，个体位势和信息资源量是相匹配的，不同的个体位势所占据的信息资源的质和量是不相等的。与优势的个体位势相比，劣势的个体位势犹如限制了占据者的信息吸收能力，无法对现有信息进行加工和利用以及对未来信息进行挖掘和赚取。或者说，劣势的个体位势使占据者没有足够的信息来源，也没有充分的信息表达渠道。如果它是核心利益相关者，或可凭借自身强大影响力引起关注来弥补这一缺陷，但是如果它是边缘利益相关者，自身影响力就很微弱，很容易被排除于项目进程之外，加之劣势的个体位势，会进一步加剧信息失衡，信息遗漏就不可避免，必然导致各方由于信息缺失而做出错误的立项决定。可以说，无位势优势的边缘群体是项目立项决策出现失误的根本原因。由此可知，一旦立项期利益相关者超网络模型中出现边缘群体无位势优势的极端情况，超网络结构没有达到最佳状态；反之，则达到最佳状态。设 set_B 为立项期边缘利益相关者的集合，$set\_B \in S_a$，即当 $CoDC(s_i) < \overline{CoDC} \cap CoBC(s_i) = 0$，$s_i \in set\_B$，立项期利益相关者超网络结构未达到最佳状态；反之，则达到最佳状态。

既然边缘群体无个体位势是造成立项期利益相关者超网络结构不佳的关键所在，那么提高边缘群体个体位势是一种非常有效的手段，这可以被视为一个优化问题，如公式 6-22 所示。

$$\begin{cases} CoDC(s_i) \geqslant \overline{CoDC} \bigcup CoBC(s_i) \neq 0 \\ \text{s. t. } s_i \in set\_B \end{cases} \qquad (6-22)$$

6.4.2 优化路径

边缘群体参与的业务活动不多且与他者形成的关系有限，造成了个体位势不佳，故优化路径为：①加强其（$CoDC(s_i) < \overline{CoDC} \bigcap CoBC(s_i) = 0$，$s_i \in set\_B$）对业务活动的参与度。利益相关者信息交流以业务活动为导向，应以满足特定业务活动需求为目标，将其引入相应的业务活动中去。业务活动有很多，将其引入每一项业务活动既烦琐也没有必要，有针对性地选择若干种关键性业务活动就可以达到优化目的。②促进其（$CoDC(s_i) < \overline{CoDC}(s_i) \bigcap CoBC(s_i) = 0$，$s_i \in set\_B$）与关键性业务活动中既有主体的信息交流，使其形成团体。也就是说，将其引入关键性业务活动后，采用各种措施鼓励其与业务活动中既有主体进行信息交流，建立直接的信息交换关系，有利于规避信息失衡和促进信息共享。

综上，设集合 $set\_M_a = \{m_e\}$（$1 \leqslant e \leqslant n$）为立项期关键性业务活动集合，$set\_M_a \in M_a$，$m_e$ 代表关键性业务活动；集合 $set\_S_a = \{s_f\}$（$1 \leqslant f \leqslant k$）为立项期关键性业务活动中既有利益相关者的集合，$set\_S_a \in S_a$。将目标节点 s_i（$CoDC(s_i) < \overline{CoDC} \bigcap CoBC(s_i) = 0$，$s_i \in set\_B$）引入关键性业务活动 m_e 之中且与既定节点 s_f 建立起直接的信息资源交换则可以表达为公式 6-23。

$$\begin{cases} \varphi(m_e, s_i) = 1 \\ \alpha(s_f, s_i) = \alpha(s_f, s_i) = 1 \end{cases} \quad (m_e \in set\_M_a, s_f \in set\_S_a)$$

$$(6-23)$$

6.4.3 约束条件

优化立项期利益相关者超网络模型面临一定的约束条件，主要体现在下述三点。

（1）立项期利益相关者超网络模型优化不变更业务活动及其强制性逻辑关系（业务网 N_m 不发生改变），主要从边权角度关注业务-主体网 N_{ms} 和主体网 N_s 的变化以及由此所带来的超网络拓扑结构的变化。

（2）立项期利益相关者超网络模型优化不考虑超网络规模增减因素。超网络的节点有两种类型：一类节点表征利益相关者；另一类节点表征业务活动，这两类节点个数均不发生变动，即不考虑业务活动和利益相关者的增减。也就是说，立项期利益相关者超网络模型优化不会增加或者减少业务活动，也不考虑引入或者去掉利益相关者。

（3）立项期利益相关者超网络模型优化不改变边权构造原则，仍不考虑边权方向性问题，自我作用力也不予考虑，即业务网N_m、业务-主体网N_{ms}和主体网N_s的边权矩阵为对称轴为 0 的 0-1 矩阵。

6.5 实证验证

前文定义了利益相关者超网络模型，以此为基础，进行立项期利益相关者超网络的构建、分析及优化。为了验证其合理性和有效性，本节将利用第 3 章所介绍的 HRWF 公司进行实证分析。

6.5.1 HRWF 公司立项期利益相关者超网络模型构建

依据本章第 2 节提出的利用内容分析法来实现立项期利益相关者超网络的 6 个步骤，本书主要进行了下述工作。

首先，提出研究问题。立项期利益相关者超网络的假设是立项期各项业务活动及其强制性依赖关系在短时期内不发生变动，业务网N_m应该是图 4-1 农村沼气工程生命周期中立项期业务活动的合理映射，如图 6-3 所示。

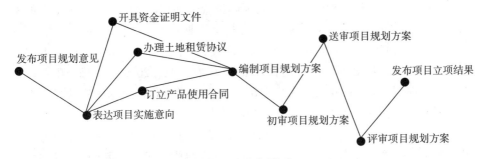

图 6-3 业务网N_m

其次，样本抽取。为了获取文字记录，笔者深入 HRWF 公司。经收集和整理，文字记录共计 54 份，大致可以划分为 3 种类型：一是我国各级政府已颁布的法律、法规、规章、标准等，同一文件以最新版本为准。这些样本不一定直接用于实证分析中，却为理解研究对象开阔了思路；二是中央、省、市、县（区）等各级政府的公告、通知、批复意见等批文；三是企业档案，以企业年报、合同、委托书、可行性报告、租赁协议、证明材料等较为常见。对于上述文字资料，本文制作了立项资料清单，并对其进行编码，编码类目为主题、发表年份、来源。由于数量很多，这里不再进行展示，详见"附件3：农村沼气工程立项期文字记录汇编"。

再次，内容编码与统计。采用人工编码作业。为保证编码工作的有效性和互斥性，由两名编码员独立完成，一名编码员在完成所有编码工作后再将文献样本交给第二名编码员。考虑到编码员的阅读时间和专业阅读能力，规定时间为7天/人。为测试2名编码员在词频统计结果上的异质性，利用SPSS分析软件进行Kappa检验，计算Kappa系数的度值为0.593。根据Kappa一致性检验的通用检验法则，当Kappa系数大于0.750时，一致性较好；当Kappa系数大于0.400时，一致性较差。可以判定该2名编码员的利益相关者词频统计结果致性较好，可以进入下一步骤（表6-1）。

表6-1　利益相关者词频统计结果

单位：个

	s_1	s_2	s_3	s_4	s_5	s_6	s_7	s_8	s_9	s_{10}	s_{11}
编码员1	351	437	539	5	3	1	3	7	7	539	1
编码员2	354	432	542	5	3	1	3	7	7	537	1

备注：表中s_1、s_2、s_3、s_4、s_5、s_6、s_7、s_8、s_9、s_{10}、s_{11}分别代表上级政府、基层政府、项目业主、专家、咨询方、土地出租方、银行、沼气用户、种植基地、养殖基地、村级组织。

复次，业务-主体网N_{ms}。在2名编码员统一标注涉及利益相关者语句的基础上，通过动词人工识别，将利益相关者及其业务活动加以识别，并在业务-主体网N_{ms}中进行标注如图6-4所示。实例1，《关于抓紧编制养殖场大中型沼气工程拟申报项目可行性研究的通知》（豫农能源［2006］90号）中首段指出，"为切实抓好我省养殖场大中型沼气工程建设工作，根据国家项目申报要求，经研究，拟于近期对2006年度养殖场大中型沼气工程拟申报项目可行性研究报告统一组织专家评审"。该表述中涉及了河南省农村能源与环境保护总站，依据第5章第1节提出利益相关者的整合原则，可以将其归入上级政府，该表述的语义是上级政府拟于近期对拟申报项目可行性研究报告统一组织专家评审，换言之，也就是上级政府和专家参与了评审项目规划方案这一业务活动。实例2，《农村沼气工程可行性研究报告授权委托书》中提出，"依据《中华人民共和国合同法》的规定，就甲方委托乙方撰写项目可行性报告事宜，经协商一致，签订本合同"。该表述中涉及了作为甲方的项目业主和作为乙方的咨询方，其语义是项目业主委托咨询方编制项目可行性报告事宜，也就是说，项目业主和咨询方参与了编制可行性报告这一业务活动。以此类推，业务-主体网N_{ms}得以实现。

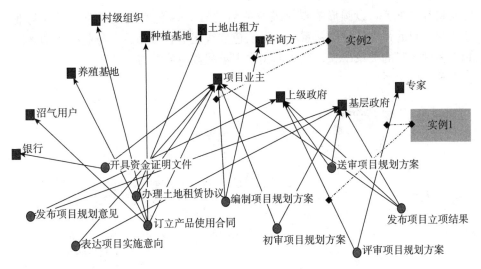

图 6-4 业务-主体网 N_{ms}

从次，主体网 N_s 的实现。对于参与到同一项业务活动中的利益相关者来说，利益相关者 s_i 与利益相关者 s_j 存在信息交换，即 $\alpha(s_i, s_j)=1$，可以在主体网 N_{sm} 中进行标注，如图 6-5 所示。实例 3，在实例 1 中，上级政府和专家均参与了评审项目规划方案，可以判定两者之间存在信息沟通，并在主体网 N_s 中加以标记，如图 6-5 中实例 3 标识所示。实例 4，在实例 2 中，项目业主和咨询方均参与了编制可行性报告，可以判定两者之间存在信息沟通，并在体网 N_s 中加以标记，如图 6-5 中实例 4 标识所示。以此类推，主体网 N_s 得以实现。

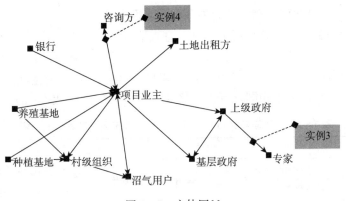

图 6-5 主体网 N_s

最后，超网络的实现。对业务网 N_m、业务-主体网 N_{ms}、主体网 N_s 进行集结，可以得到立项期农村沼气工程利益相关者超网络。图 6-6 中以矩形节点代表利益相关者，以圆形节点代表业务活动M_a，深色实线表示业务活动与业务活动之间的强制性逻辑关系S_a，深灰色实线表示利益相关者与业务活动之间的"多对多"的关系L_{m-s}，浅灰色实线表示利益相关者与利益相关者之间的信息资源交换关系L_{s-s}。

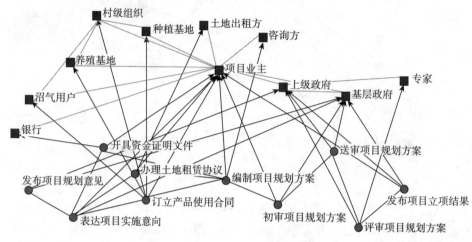

图 6-6　立项期利益相关者超网络

　　为了确保图6-6所展示的立项期利益相关者超网络是对立项期利益相关者关系的合理映射，笔者将其反馈至企业，询问是否存在关系数据的重复和遗漏，企业均无意见。由此可知，利用内容分析法来构建立项期利益相关者超网络是一种行之有效的方法。

6.5.2　HRWF 公司立项期利益相关者超网络模型分析

　　从立项期利益相关者超网络中可以直观地看到：从业务活动的视角，不同的业务活动所参与的利益相关者数量各不相同，且以初审项目方案中参与的利益相关者数量最多（6个）；从利益相关者的视角，不同的利益相关者参与的业务活动的数量也各不相同，且以项目业主最多（7项）（表6-2）。

表6-2　立项期农村沼气工程利益相关者超网络基本情况分析

业务活动	业务活动的视角		利益相关者	利益相关者的视角	
	容纳的利益相关者数量			参与的业务活动数量	
	个数（个）	比例（%）		个数（个）	比例（%）
m_1	2	18.18	s_1	4	40.00
m_2	2	18.18	s_2	5	50.00
m_3	2	18.18	s_3	7	70.00

（续）

业务活动的视角			利益相关者的视角		
业务活动	容纳的利益相关者数量		利益相关者	参与的业务活动数量	
	个数（个）	比例（%）		个数（个）	比例（%）
m_4	2	18.18	s_4	1	10.00
m_5	2	18.18	s_5	1	10.00
m_6	5	45.45	s_6	1	10.00
m_7	2	18.18	s_7	1	10.00
m_8	2	18.18	s_8	1	10.00
m_9	2	18.18	s_9	1	10.00
m_{10}	3	27.27	s_{10}	1	10.00
—	—	—	s_{11}	1	10.00

备注：①m_1、m_2、m_3、m_4、m_5、m_6、m_7、m_8、m_9、m_{10}分别表示发布项目规划意见、转递项目规划意见、开具资金持有证明、办理土地租赁协议、编制可行性报告、订立产品（原料）合同、初审项目规划方案、项目规划方案、评审项目规划方案、发布项目立项结果。②s_1、s_2、s_3、s_4、s_5、s_6、s_7、s_8、s_9、s_{10}、s_{11}分别代表上级政府、基层政府、项目业主、专家、咨询方、土地出租方、银行、沼气用户、种植基地、养殖基地、村级组织。

利用前文所推导的联合中心度 $CoDC$ 和联合中介度 $CoBC$ 的计算公式（公式 6-17 和公式 6-21），可以对利益相关者中心性进行测量，详细计算过程见附件 4，计算结果如图 6-7 所示：①联合节点度 $CoDC$。联合中心度 $CoDC$ 的最小值为 0.100，对应的节点数为 4 个，占节点总数的 36.36%；最大值为 0.800，对应的节点数为 1，占节点总数 9.11%；平均值为 0.236。且相对于均值 0.236 来说，上级政府、基层政府、项目业主、村级组织的联合节点度 $CoDC$ 高于平均水平，其信息获取能力明显优于其他主体。②联合中介度 $CoBC$。联合中介度 $CoBC$ 的最小值为 0.000，对应的节点数为 9 个，占节点总数的 81.81%，这些节点对整个网络连通性的贡献最小；最大值为 0.667，对应的节点数为 1，占节点总数 9.09%，该节点对整个网络连通性的贡献最大；平均值为 0.065。且相对于均值 0.065，项目业主的联合中介度 $CoBC$ 高于平均水平，其信息控制能力明显优于其他主体。经相关性分析发现，节点的联合中心度 $CoDC$ 和联合中介度 $CoBC$ 在 0.000 的显著性水平下的皮尔逊相关系数 $\gamma = 0.908$，说明节点的联合中心度 $CoDC$ 越高，其联合中介度 $CoBC$ 也越高，在整个超网络中所起到的作用越大。也就是说，项目业主的中心性显著，强大的信息获取能力和信息控制能力使其成为信息交换的"中转站"和"处理器"，是信息流动中不可或缺的重要角色。

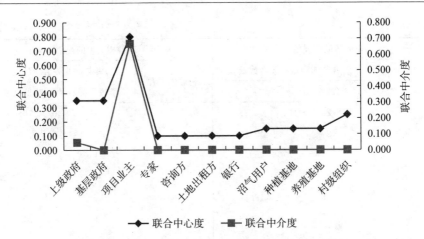

图6-7 立项期利益相关者超网络中心性分析结果

综上，立项期有11个利益相关者，它们对项目的影响力是不同的，个体位势也是不同的：项目业主占据的个体位势最优；上级政府、基层政府、村级组织的个体位势次优；其他利益相关者没有任何位势优势。在那些没有任何位势优势的利益相关者中，沼气用户、种植基地、养殖基地为边缘群体。对于三者中任一主体 s_i，$s_i \in set\_B$ 来说，既不具备联合中心度（$CoDC$（s_i）<$\overline{CoDC}$），也不具备联合中介度（$CoBC$（s_i）=0），它们的劣势的个体位势使它们难以从他者那里获取信息或者表达自身信息，来自它们的信息必然会发生遗漏，这样一来，信息是不充分和不对称的，有可能做出立项决策是错误的，最终致使在有些不适宜区域实施了项目，为项目失败埋下隐患。因此，图6-6所示的利益相关者超网络中存在 $CoDC$（s_i）<$\overline{CoDC} \bigcap CoBC$（$s_i$）=0，$s_i \in set\_B$，说明超网络结构未能够达到最佳状态，有必要对其进行优化，优化目标在于提升沼气用户、养殖基地和种植基地的个体位势。

6.5.3 HRWF 公司立项期利益相关者超网络模型优化

为了更好地提升沼气用户、养殖基地和种植基地的劣势的个体位势，依据公式6-22，可以采用将上述三者引入关键性业务活动中，并建立与关键性业务活动中的既有利益相关者的信息资源交换关系，具体来说：①将上述三者引起关键性业务活动中。立项期，信息资源以项目规划方案为载体，那么项目规划方案的编写、初审和评审就是关键性业务活动。故在主体-业务网N_{sn}中增加其与这三项业务活动的联结。②增强上述三者与关键性业务活动中的既有利益相关者的信息资源交换关系。由于其与项目业主已经有关系存在，故主体网N_s中增加其与咨询方、基层政府、专家的联结。这种优化必然引起原超网络拓扑发生改变，如图6-8所示。其中，以矩形节点表征利益相关者S_a，以圆形节点表征业务活动M_a，深黑色实线表示业务活动与业务活动之间的强制性逻辑关系L_{m-m}，浅黑色实线表示利益相关者与业务活动之间的"多对多"的关系L_{m-s}，灰色实线表示利益相关者与利益相关者之间的信息资源交换关系L_{s-s}，黑色虚线表示对超网络所进行的调整和改变。

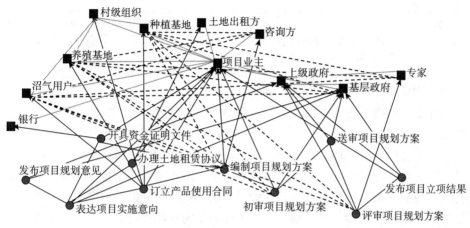

图 6-8   立项期利益相关者超网络优化

优化后，与原超网络相比，立项期利益相关者超网络基本结构发生改变，主要体现在：编写项目规划方案、初审项目规划方案、评审项目规划方案这三项业务活动中的利益相关者数量均从 2 个上升为 5 个；沼气用户、养殖基地、种植基地参与的业务活动均从 1 个增加至 4 个（表 6-3）。

表 6-3   立项期利益相关者超网络基本结构对比结果

	业务活动涉及的利益相关者（个）			利益相关者参与的业务活动（项）	
	优化前	优化后		优化前	优化后
m_1	2	2	s_1	4	4
m_2	2	2	s_2	5	5
m_3	2	2	s_3	7	7
m_4	2	2	s_4	1	1
m_5	2	5	s_5	1	1
m_6	5	5	s_6	1	1
m_7	2	5	s_7	1	1
m_8	2	2	s_8	1	4
m_9	2	5	s_9	1	4

（续）

	业务活动涉及的利益相关者（个）			利益相关者参与的业务活动（项）	
	优化前	优化后		优化前	优化后
m_{10}	3	3	s_{10}	1	4
—			s_{11}	1	1

备注：①m_1、m_2、m_3、m_4、m_5、m_6、m_7、m_8、m_9、m_{10}分别表示发布项目规划意见、转递项目规划意见、开具资金持有证明、办理土地租赁协议、编制可行性报告、订立产品（原料）合同、初审项目规划方案、项目规划方案、评审项目规划方案、发布项目立项结果。②s_1、s_2、s_3、s_4、s_5、s_6、s_7、s_8、s_9、s_{10}、s_{11}分别代表上级政府、基层政府、项目业主、专家、咨询方、土地出租方、银行、沼气用户、种植基地、养殖基地、村级组织。

除了超网络形态发生改变外，利益相关者中心性也随之改变，如表6-4所示：①联合中心度$CoDC$。优化后，除个别利益相关者外，很多利益相关者的联合中心度$CoDC$均有所提升，且相对于均值0.386来说，沼气用户、种植基地、养殖基地的联合节点度$CoDC$均高于平均水平，其信息获取能力有明显提高，说明其参与层级有所提升，由对个别非关键业务活动的微观参与到对关键业务活动的宏观参与以及由程序性工作为主的被动参与到以开放性工作为主的主动参与的转变。②联合中介度$CoBC$。优化后，相对于均值0.942来说，上级政府信息处理能力仅次于项目业主，被培育成为新的"信息中转站"和"信息处理器"，不仅有利于信息的告知和展示，而且有利于信息听取和反馈。同时，有能力控制信息资源流动的利益相关者数量从2个上升至6个，基层政府、沼气用户、种植基地和养殖基地有了一定的联合中介度$CoBC$，其信息控制能力有所提高，便于从源头处把握项目规划方案的真实性和可信度，为上级政府获取异质性信息提供了新的来源和渠道。

表6-4　利益相关者超网络中心性对比结果

	联合中心度 $CoDC$		联合中介度 $CoBC$	
	优化前	优化后	优化前	优化后
上级政府	0.350	0.500	0.048	0.161
基层政府	0.350	0.500	0.000	0.071
项目业主	0.800	0.800	0.667	9.525
专家	0.100	0.250	0.000	0.000
咨询方	0.100	0.250	0.000	0.000
土地出租方	0.100	0.100	0.000	0.000
银行	0.100	0.100	0.000	0.000
沼气用户	0.150	0.500	0.000	0.204

（续）

	联合中心度 $CoDC$		联合中介度 $CoBC$	
	优化前	优化后	优化前	优化后
种植基地	0.150	0.500	0.000	0.204
养殖基地	0.150	0.500	0.000	0.204
村级组织	0.250	0.250	0.000	0.000

综上，优化后，沼气用户、养殖基地和种植基地不仅有显著的联合中心度（$CoDC$（s_i）$>\overline{CoDC}$），而且有一定的联合中介度（$CoBC$（s_i）$\neq 0$），达到了优化目标，即 $CoDC$（s_i）$>\overline{CoDC}\bigcap CoBC$（$s_i$）$\neq 0$，$s_i\in set\_B$，这说明优化后的立项期利益相关者超网络模型已经达到最优状态，也证明了利益相关者超网络优化的有效性和优越性。

6.5.4　结果讨论与管理启示

HRWF 公司立项期利益相关者超网络模型是对现行的立项期利益相关者管理实践的合理映射，反映出下述两点问题：①关键性业务活动设计缺陷导致其工作能力丢失。虽然项目前置条件和立项评判标准规定向养殖基地、沼气用户和种植基地等征集意见，但是在一系列业务活动中，仅订立产品供应合同涉及上述主体，且以例行性工作为主。在那些关键性业务活动中，这些利益主体本应参与其中却被排斥之外，致使这些关键性业务活动失去了工作能力。②项目决策体系封闭导致对利益相关者回应不足。目前，项目立项体系以上级政府、基层政府和专家为核心，由于与养殖基地、沼气用户和种植基地等缺少必要的信息交换关系，无法在立项决策形成过程中对各方利益表达及时做出反馈和回应，极易引发各方的不满和质疑。上述两点使得相关利益群体的利益要求得不到充分表达，合理利益被遗漏和忽略，造成立项决策失误。

优化后的 HRWF 公司立项期利益相关者超网络模型证实了将养殖基地、沼气用户和种植基地等引入更多的关键性业务活动且与关键性业务活动中既定主体建立起更多的关联关系，可以有效地提升个体位势，这非常有利于更好地表达利益诉求，扩大话语权和决定权。因此，对于那些本应参与其中却被排斥在外的利益相关者来说，鼓励加入更多的业务活动，促进与他者形成更多的关联关系，是立项期利益相关者管理的核心。或者说，利益相关者参与是立项期利益相关者管理的关键路径。

6.6　本章小结

利用超网络分析方法，本书构建了以业务活动和利益相关者为节点，以业务活动之间的强制性逻辑关系、业务活动和利益相关者之间的"多对多"关系、利益相关者之间的联结关系为边的利益相关者超网络模型。结合立项期利益相关者关系特点，依次进行了立项期利益相关者超网络模型的构建、分析和优化，且利用案例数据进行了实证分析，总结适合本阶段特点的利益相关者管理理念，研究表明如下情况。

由于立项期大量的利益相关者关系数据以文字的形式保存下来，内容分析法有良好适用性。按照提出研究问题、抽取文献样本、制作分析体系、内容统计与编码、超网络建立五个标准化操作程序，构建了立项期利益相关者超网络理论模型，证明了利益相关者以超网络结构存在。

利益相关者在超网络中的个体位势有所差别，有最优的个体位势、次优的个体位势、劣势的个体位势之分。其中，最优的个体位势占据者既有信息资源获取能力，也有信息资源控制能力；次优的个体位势占据者或有信息资源获取能力，或有信息资源控制能力；劣势的个体位势占据者既无信息资源获取能力，也无信息资源控制能力。可以说，个体位势和资源拥有量是相匹配的，不同的个体位势所匹配的信息资源的质和量是不相同的。

利益相关者会受到超网络的结构性约束，一旦边缘群体无位势优势，立项期利益相关者超网络结构则不能达到最佳状态。于是，本书提出了立项期利益相关者超网络模型的优化目标、优化路径和约束条件方法，指出无位势优势的边缘群体加入更多的关键性业务活动且与他者形成更多的关联关系有利于提升个体位势。

利用 HRWF 公司典型案例进行了实证分析，在内容分析法标准化操作程序下，构建了 HRWF 公司立项期利益相关者超网络模型。其中，项目业主的个体位势最佳，上级政府、基层政府、村级组织的个体位势次之，其他利益相关者均没有任何位势优势。由于超网络结构中存在沼气用户、种植基地、养殖基地等边缘群体无位势优势的情形，将其引入编写项目规划方案、初审项目规划方案、评审项目规划方案这三个关键性业务活动之中，并与咨询方、专家、基层政府建立起稳定的联结关系，可以帮助其提升个体位势力，最终使超网络结构达到最佳状态。

在上述分析基础上，本书认为，立项期利益相关者管理问题可归因于业务活动设计缺陷导致利益相关者参与渠道不畅以及项目决策体系封闭导致对利益相关者回应不足。对此，鼓励利益相关者加入更多的业务活动，促进与他者形成更多的关联关系，是立项期利益相关者管理的核心。

7 建设期利益相关者管理研究

立项期结束后，农村沼气工程进入建设期。科学的项目规划方案的执行和实现依赖各种资源，任一主体都不可能提供全部资源，这使得各主体相互依赖并且依赖性可能呈现非对称特征。特别是在以上级政府、基层政府、项目业主为核心、理想状态的"投—建"分离尚未真正实现的背景下，如何提升各方履职能力，充分发挥业务专长，是建设期利益相关者管理的核心问题。前文分析指出，信息流、物资流和资金流是利益相关者不是孤立的，而是与其他利益相关者紧密联系的，表现为多种资源交换关系的合成和叠加，有显著的复杂网络拓扑特征。刻画和描述实体间非线性关系的复杂网络分析方法对于解决此类问题有良好的适用性（李永奎，乐云等，2012）。对此，本章依次从三个层次展开研究：首先，定义利益相关者资源加权网络模型，用以刻画利益相关者及其形成于各种资源流动中的非线性关系。其次，结合建设期利益相关者特点，利用利益相关者资源加权网络模型，完成建设期利益相关者资源加权网络模型的构建、分析和改进，以更好地实现建设期利益相关者管理。再次，引入 HR-WF 公司为典型案例，进行实例验证，验证建设期利益相关者管理方式的合理性和有效性。本章逻辑关系图如图 7-1 所示。

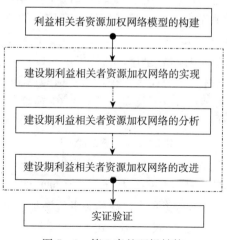

图 7-1　第 7 章的逻辑结构

7.1 利益相关者资源加权网络模型的定义

复杂网络理论认为，复杂网络是对复杂系统拓扑结构特性的抽象与映射。其中，节点代表复杂系统的主体，边权代表复杂系统的主体间关系。从边权角度，复杂网络可以分为无权网络和加权网络，前者定性地描述节点是否存在联结关系，后者则定量地描述节点联结关系强度。利益相关者资源加权网络（weighted stakeholder resource network model，简称 WSRN）就是对利益相关者及其形成于各种资源流动中的非线性关系的抽象与映射。资源有很多种，必然使利益相关者产生多种资源交换关系，其关系形态表现为多种资源交换关系的合成和叠加。在建模时，可以将利益相关者抽象为节点，将利益相关者的多种资源交换关系映射为有色边，对应不同的着色方案，有集合和矩阵两种表达形式。

（1）以集合表示的利益相关者资源加权网络。设集合 S 代表利益相关者集合，集合 C 代表色度集合，集合 L 代表利益相关者关系集合，则利益相关者资源加权网络 $WSRN$ 可以表示为一个三元组，分别见于公式 7-1、公式 7-2、公式 7-3、公式 7-4。式中，s_i 表示利益相关者，m 为利益相关者数量；c_t 表示任一色度，k 为色度种类；$l_{s_i s_j c_t}$ 从在 c_t 色度下节点 s_i 指向节点 s_j 的单向有色边，且规定：在 c_t 色度下，若节点 s_i 和节点 s_j 之间下存在资源交换关系，$l_{s_i s_j c_t} =1$；否则，$l_{s_i s_j c_t} =0$。进一步地，设 $q(s_p, s_q, c_t)=l_{s_p s_1 c_t} l_{s_1 s_2 c_t} l_{s_{q-1} s_q c_t}$ 表示为一条从 s_p 到 s_q 的 c_t 色路径，若路径 $q(s_p, s_q, c_t)$ 的边和节点均互不相同，则称 $q(s_p, s_q, c_t)$ 为路；若存在 $q(s_i, s_j, c_t)$，则节点 s_i 和节点 s_j 称为 c_t 色连通，连接节点 s_i 和节点 s_j 中长度最短的 c_t 色路径的长度称为节点 s_i 和节点 s_j 的 c_t 色距离，记为 $d(s_i, s_j, c_t)$，当最短的 c_t 色路径不存在时，则假定 $d(s_i, s_j, c_t)=m$（李建勋，解建仓，郭建华，2011）。

$$S=\{s_1, \cdots, s_i, \cdots, s_m\} \ (1\leqslant i\leqslant m) \qquad (7-1)$$

$$C=\{c_1, \cdots, c_t, \cdots, c_k\} \ (1\leqslant t\leqslant k) \qquad (7-2)$$

$$L=\{l_{s_i s_j c_t}\} \ (s_i, s_j\in S, \ i\neq j, \ c_t\in C) \qquad (7-3)$$

$$WSRN=\{S, C, L\} \qquad (7-4)$$

（2）以矩阵表示的利益相关者资源加权网络。除集合表示外，利益相关者资源加权网络可以矩阵表达。任一色度下（c_t 色度）的利益相关者资源加权网络用矩阵 $WSRN_{c_t}$ 表示，c 色度下的利益相关者资源加权网络是 $WSRN_{c_t}$ 的多色合成，分别见于公式 7-5、公式 7-6。式中，$\sigma(s_i, s_j, c_t)$ 代表 c_i 色度所对应的资源的输出方 s_i 与输入方 s_j 的有向关系，且规定：在 c_t 色度下，如果资源

由输出方 s_i 流入输入方 s_j，$\sigma(s_i, s_j, c_t)=1$；否则，$\sigma(s_i, s_j, c_t)=0$（s_i，$s_j \in S$，$i \neq j$，$c_t \in C$）。公式 6-2 中，$\sigma(s_i, s_j, c)$ 表示连接在 c 色度利益相关者资源加权网络中节点 s_i 和节点 s_j 且长度为 1 的 c 色边的数量，$\sigma(s_i, s_j, c)=$
$\sum\limits_{t=1}^{t=k} \sigma(s_i, s_j, c_t) c_t$。

$$WSRN_{c_t} = \begin{bmatrix} \sigma(s_1, s_1, c_t) & \sigma(s_1, s_2, c_t) & \cdots & \sigma(s_1, s_m, c_t) \\ \sigma(s_2, s_1, c_t) & \sigma(s_2, s_2, c_t) & \cdots & \sigma(s_2, s_m, c_t) \\ \vdots & \vdots & & \vdots \\ \sigma(s_m, s_1, c_t) & \sigma(s_m, s_2, c_t) & \cdots & \sigma(s_m, s_m, c_t) \end{bmatrix}$$

$$(7-5)$$

$$WSRN = \begin{bmatrix} \sigma(s_1, s_1, c) & \sigma(s_1, s_2, c) & \cdots & \sigma(s_1, s_m, c) \\ \sigma(s_2, s_1, c) & \sigma(s_2, s_2, c) & \cdots & \sigma(s_2, s_m, c) \\ \vdots & \vdots & & \vdots \\ \sigma(s_m, s_1, c) & \sigma(s_m, s_2, c) & \cdots & \sigma(s_m, s_m, c) \end{bmatrix}$$

$$(7-6)$$

7.2　建设期利益相关者资源加权网络模型的构建

第 4 章分析指出，建设期涉及了信息、物资、资金这三种资源，可分别对应红（red，r）、绿（green，g）、蓝（blue，b）这三种颜色，故 r、g、b 色度下的资源加权网络分别是对利益相关者以及形成与信息流、物资流和资金流的资源交换关系的抽象和映射，c 色度下的资源加权网络是 r、g、b 色度下的资源加权网络的三色合成。

依照内容分析法的标准化程序，结合建设期利益相关者特点，建设期利益相关者资源加权网络的主要构建步骤如下：①提出研究问题。建设期利益相关者资源加权网络拟解决的关键问题是"在项目建设管理实践中，利益相关者之间的关系是什么"。由于利益相关者关系形成于信息流、物资流和资金流中，是信息、物资、资金三种资源交换关系的合成。如果这个前提条件不满足，建设期利益相关者复杂网络是没有意义的。②抽取文献样本。项目建设管理实践将大量的数据以政策法规、政府批文、合同文本、施工报告等形成保存了下来，可以考虑从上述文字记录中获取样本。③制定分析体系。为了从文字记录中挖掘关系数据，分析单元为文本中所有涉及利益相关者资源交换行为的词组、句子和段落，并要求编码员对其进行利益相关者词频统计。④内容编码与统计。采用 2 名编码员独立人工作业形式，以保证编码工作的有效性和互斥性。当词频统计工作结束后，对统计结果进行 Kappa 检验，诊断结果具有一致性。⑤利益相关者资源加权网络建立。在 2 名编码员统一标注涉及利益相关者语句的基础上，开展语境分析以甄别语句中所涉及的资源的类型。进一步地，采用动词人工识别法来区分语句中的施事利益相关者 s_i 和受事利益相关者 s_j，并用边将二者联系起来。

经上述步骤后，建设期利益相关者资源加权网络理论模型如图 7-2 所示，集合表示见于公式 7-7。如图 7-2 中，r、g、b 为色度集合 C；节点表示利益相关者 s_i（$s_i \in S_c$），节点之间的连线代表利益相关者资源交换关系 $l_{s_i s_j c_t}$（$l_{s_i s_j c_t} \in L_c$），图 7-2b 描述了节点 a、节点 b 和节点 e 的信息关系，以红色标注；图 7-2c 描述了节点 a、节点 b、节点 c 和节点 d 的物资关系，以绿色标注；图 7-2d 描述了节点 c、节点 d 和节点 e 之间的资金关系，以蓝色标注；那么，图 7-2a 就意味着节点 a、节点 b、节点 c、节点 d 和节点 e 的关系为上述 3 种关系的三色合成。

$$WSRN = \{S_c，C，L_c\} \qquad (7-7)$$

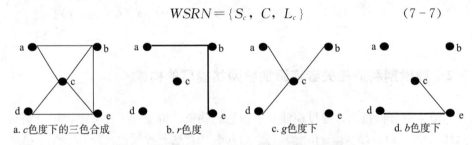

a. c 色度下的三色合成   b. r 色度   c. g 色度下   d. b 色度下

图 7-2   建设期利益相关者资源加权网络概念模型

7.3　建设期利益相关者资源加权网络模型的分析

建设期，资源在利益相关者之间流动，利益相关者资源加权网络就成为资源流动的渠道。换言之，资源交换普遍存在于关系网络之中，必然会受到个体嵌入网络的形式及其个体位势的影响（刘璇，张朋，2004）。在利益相关者资源加权网络中，密度、结构洞、凝聚子群等传统个体位势测量参数已经失去了揭示主体间个体位势差异性的功能和作用，而中心性在衡量节点是否位于中心地位上提供了帮助，体现在度数中心性、中介中心性和接近中心性上。

度数中心性（degree centrality，简称 DC）。度数中心性 DC 是某节点拥有的关系数量，系数越高，个体拥有的关系数量越多（Cowan，2004；Lin，2010；Llison，Yildiz，Campbell，2009）。显著的度数中心性意味着个体与他者有更多的联结，有助于用较低的成本和更高的效率来挖掘和赚取资源，故在获取资源上有更多的选择。其计算方法如下：在任一色度（c_t 色度）下，度数中心度 DC 是与目标节点 s_i（利益相关者 s_i）相关联的边的条数，见于公式 7-8。在 c 色度下，目标节点 s_i（利益相关者 s_i）的度数中心度 DC 是指与之相关联的 c 色边的数量，是由 3 色度构成的矢量，见于公式 7-9。

$$DC(s_i) = d(s_i) = \sum_{j=1}^{m} s_{ij} \qquad (7-8)$$

$$DC\ (s_i,\ c)\ = DC\ (s_i,\ r)\ r + DC\ (s_i,\ g)\ g + DC\ (s_i,\ b)\ b$$
$$(7-9)$$

中介中心性（betweenness centrality，简称 BC）。中介中心度 BC 关注到了资源流动最短路径，如果某一个体在很大概率上位于他者间交往的最短路径上，他者必须通过其才能够进行交往（党兴华，李莉，2005；Park Leydesdorff，2009）。显著的中介中心性意味着个体拥有独家交流和获取权力的机会，可以成为中间人影响其两端资源传递，故在控制资源上占有优势明显。其计算方法如下：在任一色度（c_t 色度）下，中介中心度 BC 是经过目标节点 s_i（利益相关者 s_i）处于节点 s_j 和节点 s_k 的捷径数与节点 s_j 和节点 s_k 两点之间的捷径总数之比，见于公式 7-10。式中，L_{jk} 代表节点 s_j 和节点 s_k 之间的最短路径数，L_{jk}（s_i）代表经过节点 s_i 处于节点 s_j 和节点 s_k 的捷径数。在 c 色度下，节点 s_i 的中介中心度是由 3 色度构成的矢量，见于公式 7-11。

$$BC(s_i) = \sum_{j,k} \frac{L_{jk}(s_i)}{L_{jk}} \qquad (7-10)$$

$$BC\ (s_i,\ c)\ = BC\ (s_i,\ r)\ r + BC\ (s_i,\ g)\ g + BC\ (s_i,\ b)\ b$$
$$(7-11)$$

接近中心性（closeness centrality，简称 CC）。接近中心度 CC 着眼于目标节点到网络中其他节点的距离，系数越小，个体与其他个体之间的路径相对越短，如果遇到需要解决的问题且解决问题的焦点依赖于传播链的话，直接交流途径的最短路径有利于实现高效解决方案（黄训江，2011；蒋军锋，张玉韬，王修来，2010）。显著的接近中心性意味着个体可以比其他位置的个体更加迅速地抵达网络中的其他节点，更快捷地对所需资源进行搜索和处理，在传导资源上比较有效率。其计算方法如下：在任一色度（c_t 色度）下，接近中心度 CC 是目标节点 s_i（利益相关者 s_i）到网络中所有其他节点的距离，见于公式 7-12。在 n 个节点的星形网络中，中心点的接近中心度为 $n-1$（罗荣桂，江涛，2006）。在 c 色度下，s_i 的接近中心度是由三色度构成的矢量，见于公式 7-13。

$$CC(s_i) = \sum_{j=1}^{m} d(s_i, s_j) \qquad (7-12)$$

$$CC\ (s_i,\ c)\ =CC\ (s_i,\ r)\ r+CC\ (s_i,\ g)\ g+CC\ (s_i,\ b)\ b$$

$$(7-13)$$

如公式 7-9、公式 7-11、公式 7-13 显示：在 c 色度下，度数中心度 DC、中介中心度 BC 和接近中心度 CC 有三色矢量特征，且量纲不可公度，无法直接进行分析，需要对其进行归一化（李建勋，解建仓等，2011）。设三色分量权值为（ω_r、ω_g、ω_b），ω_r，ω_g，$\omega_b \in [0,1]$，且 $\omega_r+\omega_g+\omega_b=1$。三色分量权值的含义是：当以信息为主时，$\omega_r$ 取较大值；当以物资为主时，ω_g 取较大值；当以资金为主时，ω_b 取较大值。为了简化分析，这里采用等权重赋值方案，即 $\omega_r=\omega_g=\omega_b=1/3$。设 $Property\ (s_i)$ 为要归一化处理的中心性，归一化处理如公式 7-14 所示。

$$Property\ (s_i)\ =Property\ (s_i,\ r)\ \omega_r+Property\ (s_i,\ g)\ \omega_g$$
$$+Property\ (s_i,\ b)\ \omega_b \qquad (7-14)$$

经归一化处理后，度数中心度 DC、中介中心度 BC 和接近中心度 CC 的量纲是不可公度的，需要进行公度化处理。其中，度数中心度 DC 和中介中心度 BC 为效用型属性，系数越大，其中心性越显著，其公度化处理方法如公式 7-15 所示；接近中心度 CC 为成本型属性，系数越小，其中心性越显著，其公度化处理方法如公式 7-16 所示。

$$Property\ (s_i) =\frac{Property\ (s_i)\ -\min\ \{Property\ (s_i)\mid s_i\in S_c\}}{\max\ \{Property\ (s_i)\mid s_i\in S_c\}-\min\ \{Property\ (s_i)\mid s_i\in S_c\}}$$

$$(7-15)$$

$$Property\ (s_i) =\frac{\max\ \{Property\ (s_i)\mid s_i\in S_c\}-Property\ (s_i)}{\max\ \{Property\ (s_i)\mid s_i\in S_c\}-\min\ \{Property\ (s_i)\mid s_i\in S_c\}}$$

$$(7-16)$$

经公度化处理后，可以利用集结算子 OWG 对度数中心性 DC、中介中心性 BC 和接近中心性 CC 进行集结。OWG 集结算子描述为 $\rho\ =\ (v_1,v_2,v_3)\ =\ \sum_{j=1}^{3}x_j^{\sigma_j}$，$x_j$ 是 V 中一列数据 v_i（$i=1$，2，3）第 j 个最大的元素，$\sigma=(\sigma_1$、σ_2、$\sigma_3)^T$ 是与 ρ 相关联的指数加权向量（σ_1、σ_2、$\sigma_3 \in [0,1]$，且 $\sigma_1+\sigma_2+\sigma_3=1$）。$\sigma$ 的数值可由经验给定（李建勋，解建仓，等，2011），或采用简单化权值估算方法计算（徐泽水，2004）。

通过 OWG 算子的集结，可以获取一个序关系。给定一个阈值 δ（$0<\delta<1$），则判定排序在前 δ 的利益相关者的资源获取能力，资源控制能力和资源传导能力明显优于他者，为优势个体，处于优势的个体位势；反之，该者没有占据优势的个体位势。这种位势优势不仅使其可以继续占据优势的个体位势，而

且使其有能力利用中心性差异以修改网络结构的方式进一步地扩大优势（Huse，Eide，et al.，2008；Laplume，Sonpar，2008；Afush，2013）。也就是说，以往的位势优势将为未来占据更多的优势提供机会和可能（Wassern-lan，1994；Timothy，Rowley，1997）。个体一旦捕捉到某种机遇并形成某种优势后，就会由关联效应产生积累效果，始终使其为中心，这就是所谓的结构惯性（张华，张向前，2014）。这种结构惯性使得大量资源会持续不断地向优势个体集聚，使他者产生资源缺陷，抑制了业务特长的发挥和履职能力的体现。

7.4　建设期利益相关者资源加权网络模型的改进

上一节分析指出，优势的个体位势汇集了丰富的资源，使无位势优势的利益相关者（焦点利益相关者）产生了资源缺陷，无法保证独立履职能力和发挥精湛的业务特长。对于它们来说，富集中心性是一种理想状态，从冗余关系中挑选和构建新的关系是一种理性的个体选择。然而，由于结构惯性，优势个体已经与他者有了深入的交往，它所连接的双方不太容易直接地建立起联结关系。也就是说，现有的位势优势是很难消除的。另外，关系的培育和维护是有成本的，如果关系人把有限的时间、资金、精力等过多地投入到拓展和构建关系中，可能会导致关系投资收益未必覆盖关系拓展成本（张华，张向前，2014）。故较之努力地消除现有的位势优势或者培育新的位势优势，与优势个体建立起一种稳定的关系，利用其优势来实现资源利用与资源重组，未必不是一种最佳的选择（蔡双力，余弦，2013）。同时，中心性是一个品质和声誉的信号（Nerkar，2005），与优势个体建立起稳定关系意味着品质和声誉的传递，自身也会随之具备高品质（Reinholt，Pedersen，Foss，2011）。

与优势个体建立起稳定关系，联合是一种有效的策略（侯俊东，肖人彬，2015；丁荣贵，刘芳，2008）。联合是焦点利益相关者有选择性地与他者建立有利于其行使特权的联合关系的过程（Chinyio，2010）。从本质上看，焦点利益相关者与优势个体联合是提升个体位势的有效路径，这在本质上是一个映射问题，设 s_y 代表优势个体（$s_y \in S_c$），焦点利益相关者 s_i 与优势个体 s_y 联合，则可以表达为公式 7-17。式中，f 为映射法则。

$$f: (s_1, \cdots, s_y, \cdots, s_i, \cdots, s_m) \rightarrow (s_1, \cdots, s_{iy}, \cdots, s_m)$$

$$(7-17)$$

联合之所以是一种有效策略，是因为：一方面，以联盟方式实施联合，降低了网络规模，相对地提高了网络密度。在高密度网络环境中，个体间沟通更加充分且资源流动更加有效，这种高度内聚性有助于形成共同的行为预期和建立统一的行为规范，推动个体行为趋于一致，这样就会对其中个体行为产生强大的约束力（Meyer，1997；Oliver，1991）。如果高密度网络对其中任一个体的约束力增强了，那么这对于其中任一个体来说，它意欲控制其他个体的力量就被大大地削弱了。另一方面，以联盟方式实施联合，引起了网络结构的变化。新的网络本体会逐渐衍生出新的网络规范，这是一种由其中个体在联合行动中内生出的新的价值观或者行为方式，可以促使各方形成共同的行为规范和一致的行为导向（高展军，李垣，2006）。一旦被全体成员所接受，就会成为各方共同遵守的行为准则，有一定的强制性和严肃性。在整个网络运行依赖其中个体联合行动的条件下，强势的网络规范会使整个网络拥有一种遏制个别成员不合理行为的力量，在使其受到惩罚和制裁的同时，震慑其他成员按照规则行事，避免不合理行为的发生。

7.5 实例验证

前文定义了利益相关者资源加权网络模型，结合建设期利益相关者特点，构建、分析和改进建设期利益相关者资源加权网络。为了验证其合理性和有效性，本节将利用第 3 章所介绍的 HRWF 公司进行实证分析。

7.5.1 HRWF 公司建设期利益相关者资源加权网络模型构建

在开展实地调研的基础上，笔者收集文字记录 52 份，包含政策法规、政府批文（项目批准文件、施工许可证明、招投标文件等）、合同文本（承包发包合同、分包合同、各类补充合同、各类补充协议等）、施工报告（开工报告、竣工报告、工程竣工图纸、工程设计变更、工程签证、图纸会审记录、监理通知、建设指令、结算报告等），制作了建设资料清单，由于其数量很多，这里不再进行展示，详见"附件 5：建设期农村沼气工程文字记录汇编"。

2 名编码员独立作业，逐一阅读建设期农村沼气工程文字记录汇编所有文字记录的基础上，寻找其中涉及利益相关者交互行为的语句，并对利益相关者进行词频统计，统计结果如表 7 - 1 所示。经 Kappa 检验系数为 0.419，说明此次词频统计一致性较好，可以进入下一步骤。

表 7 - 1　利益相关者词频统计结果

单位：个

	s_1	s_2	s_3	s_4	s_5	s_6	s_7	s_8	s_9
编码员 1	129	586	134	374	595	154	8	1	137
编码员 2	127	586	131	371	589	151	8	1	137

备注：表中 s_1、s_2、s_3、s_4、s_5、s_6、s_7、s_8、s_9 分别代表上级政府、基层政府、项目业主、承包方、监理方、供货方、咨询方、银行、招投标代理机构。

在 2 名编码员统一标注涉及利益相关者语句的基础上，甄别语句涉及资源类型，并以动词人工识别方式来区分语句中的施事利益相关者和受事利益相关者，用箭头将二者联系起来，可以分别构建 r 色度、g 色度和 b 色度下的利益相关者资源加权网络，而 c 色度下的利益相关者资源加权网络则是上述三色加权网络的合成和叠加：①r 色度。实例 1，《工程建设项目招标代理协议书》首段："依照《中华人民共和国合同法》《中华人民共和国招标投标法》及有关法律、行政法规，遵循平等、资源、公平和诚实信用的原则，双方就工程招标代理事宜协商一致，订立本合同"。该表述的语义是项目业主与招标代理机构之间存在以招标代理协议为载体的信息关系，如图 7-3b 中实例 1 标识所示。实例 2，《监理人员行为规范》第四条，"监理人员以周为单位，制作监理周报，并呈报业主"。该表述的语义是监理方与项目业主之间存在以监理周报为媒介的信息关系，如图 7-3b 中实例 2 标识所示。以此类推，r 色度下的利益相关者资源加权网络得以实现，如图 7-3b 所示。②g 色度。实例 3，《供货合同》第一条，"甲乙双方自本协议签订之日起就形成供需合作伙伴关系，甲方为乙方的固定供货客户，乙方为甲方提供所需产品"。该表述的语义是供货方为项目业主提供产品，如图 7-3c 中实例 3 标识所示。以此类推，g 色度下的利益相关者资源加权网络得以实现，如图 7-3c 所示。③b 色度。实例 4，《国家发展改革委　建设部关于印发〈建设工程监理与相关服务收费管理规定〉的通知》（发改价格〔2007〕670 号）中第三条第二款，"依据《中华人民共和国招标投标法》等法律法规，发包人有权自主选择监理人，监理人自主决定是否接受委托"。第四条，"发包人和监理人应当遵守国家有关价格法律、法规的规定，维护正常的价格秩序，接受政府价格主管部门的监督、管理"。该表述的语义是由项目业主向监理方支付监理费用，如图 7-3d 中实例 4 标识所示。实例 5，《建筑承包合同》第四条，"建筑合同签订完毕，设备进场，人员到位，预付 30%，完成 50% 的工程量付到 50%，工程全部完工，交验完毕付到 90%，预留 10% 为质量保证金，完工一年内无质量问题，清尾款。"该表述的语义是由项目业主分批次地向承包方支付工程款，如图 7-3d 中实例 5 标识所示。以此类推，b 色度下的利益相关者资源加权网络得以实现，如图 7-3d 所示。在此基础上，c 色度下的建设期利益相关者资源加权网络就是 r 色度、g 色度和 b 色度的加权网络的三色合成，如图 7-3a 所示。

从图 7-3 中可以看到，项目建设需要信息、物资、资金等资源，利益相关者的资源禀赋的差异性必然使不同的利益相关者参与到不同的资源交换过程中，形成了不同的资源交换关系：①信息资源交换关系（r 色度）。全体利益相关者均进行了信息交换活动，无任何独立节点存在，连通性好，这十分有利

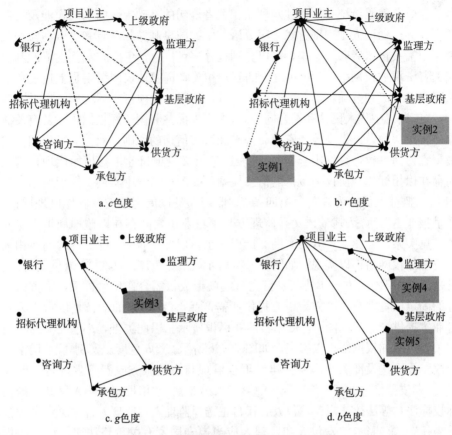

图 7-3　建设期利益相关者资源加权网络

于信息扩散和信息共享。②物资资源交换关系（g 色度）。物资交换仅仅发生于 3 个利益相关者之中，有大量孤立节点的存在，连通性差，运行效果会随之减弱。③资金资源交换关系（b 色度）。资金的拨付和使用将绝大多数利益相关者有机联系了起来，是对现行的资金拨付流程的合理映射，即项目建设资金先由上级政府拨付至基层政府，再经基层政府拨付至项目业主，由项目业主支付给各方。总的来说，利益相关者以信息沟通最为紧密、资金往来次之、物资交换最为疏松。

7.5.2　HRWF 公司建设期利益相关者资源加权网络模型分析

利用 UCINET 软件，r、g、b 色度下的建设期利益相关者资源加权网络中各个节点的度数中心度 DC、中介中心度 BC、接近中心度 CC 以及归一化矩阵 U、公度化矩阵 V 和序关系 ORDER 如表 7-2 所示。值得注意的是，本书建立的建设期利益相关者资源加权网络为有向加权网络，各节点的度数中心度

BC 和接近中心度 CC 有入度（ BC_{in} 、 CC_{in} ）和出度（ BC_{out} 、 CC_{out} ）之分，由于本书比较关注各方资源输出情况，故选择出度。

表 7-2　建设期利益相关者资源加权网络中心性计算结果

	DC	BC	CC	U			V			ORDER
				DC	BC	CC	DC	BC	CC	
A	$2.00r+0.00g+1.00b$	$0.00r+0.00g+0.00b$	$14.00r+72.00g+33.00b$	1.00	0.00	39.67	0.18	0.00	0.97	0.38
B	$6.00r+0.00g+1.00b$	$4.00r+0.00g+5.00b$	$10.00r+72.00g+36.00b$	2.33	3.00	39.33	0.55	0.20	1.00	0.58
C	$8.00r+0.00g+4.00b$	$32.25r+0.00g+12.00b$	$8.00r+72.00g+40.00b$	4.00	14.75	40.00	1.00	1.00	0.95	0.98
D	$4.00r+2.00g+0.00b$	$0.25r+0.00g+0.00b$	$12.00r+56.00g+72.00b$	2.00	0.08	46.67	0.46	0.01	0.45	0.30
E	$4.00r+0.00g+0.00b$	$0.25r+0.00g+0.00b$	$12.00r+72.00g+72.00b$	1.33	0.08	52.00	0.27	0.01	0.05	0.11
F	$4.00r+2.00g+0.00b$	$0.25r+0.00g+0.00b$	$12.00r+56.00g+72.00b$	2.00	0.08	46.67	0.46	0.01	0.45	0.30
G	$4.00r+0.00g+0.00b$	$0.25r+0.00g+0.00b$	$12.00r+72.00g+72.00b$	1.33	0.08	52.00	0.27	0.05	0.11
H	$1.00r+0.00g+0.00b$	$0.00r+0.00g+0.00b$	$15.00r+72.00g+36.00b$	0.33	0.00	41.00	0.08	0.00	0.87	0.29
I	$2.00r+0.00g+1.00b$	$0.00r+0.00g+0.00b$	$14.00r+72.00g+72.00b$	1.00	0.00	52.67	0.18	0.00	0.00	0.06

备注： A 、 B 、 C 、 D 、 E 、 F 、 G 、 H 、 I 分别代表上级政府、基层政府、项目业主、承包方、监理方、供货方、咨询方、银行、招投标代理机构。

从表 7-2 中可以看到，在利益相关者资源加权网络中，度数中心度 DC 、中介中心度 BC 和接近中心度 CC 有三色矢量特征，这可以使对利益相关者中心性的观察可以在任一色度下进行，也可以在 c 色度下展开。

（1） r 色度。从度数中心度 DC 上看，项目业主的度值最高（8.00），说明其与他者都发生了信息资源交换，信息来源丰富；银行的度值最低（1.00），仅联结项目业主，只有唯一的信息来源。从中介中心度 BC 上看，项目业主的度值最高（32.25），基层政府次之（4.00），承包方、供货方、监理方有较低的度值（0.25），其他利益相关者的度值为 0.00，说明信息资源的分布是不均匀的，存在个别利益相关者控制绝大多数信息资源的情况。从接近中心度 CC 上看，项目业主的度值最低（8.00），说明其可以快捷地搜索信息和处理信息，信息传递的独立性和有效性会有所保证。

（2） g 色度。从度数中心度 DC 上看，承包方和供货方向项目业主交付了建设工程实体，承包方和供货方和度值为 2.00，项目业主的度值为 0.00；其他利益相关者涉及物资资源交换，处于孤立状态，其度值为 0.00。从中介中心度 BC 上看，任一个体的度值都为 0.00，说明物资资源分布均匀，不存在任一个可以控制物资资源流动的个体。从接近中心度 CC 上看，承包方和供货方的度值最低（56.00），这有利于物资传递的灵活性和便捷性。

（3）b 色度。从度数中心度 DC 上看，项目业主的度值最高（4.00），汇集了大量的资金资源，承担了资金支付责任；从中介中心度 BC 上看，项目业主的度值最高（12.00），基层政府次之（5.00），其他利益相关者的度值为 0.00，说明绝大多数资金由项目业主和基层政府掌握。从接近中心度 CC 上看，上级政府的度值最低（33.00），银行和基层政府次之（36.00），说明它们传导资金效率很高。

（4）c 色度。从度数中心度 DC 上看，其度值最高的分别是项目业主（4.00）、基层政府（2.33）、承包方（2.00），说明它们的关系数量最多，有强大的资源获取能力。从中介中心度 BC 上看，度值最高的分别是项目业主（14.75）、基层政府（3.00）、承包方（0.08）、供货方（0.08）、监理方（0.08），说明它们有明显的资源控制能力。从接近中心度 CC 上看，其度值最小的分别为基层政府（39.33）、上级政府（39.67）、项目业主（40.00），说明它们有显著的资源传导能力。

进一步地，依据 OMA 算子对度数中心度 DC、中介中心度 BC 和接近中心度 CC 进行集结，则其序关系为：项目业主＜基层政府＜上级政府＜承包方、供货方＜银行＜监理方、咨询方＜招投标代理机构。取 $\delta = \frac{1}{3}$，则其排序前三位的是项目业主、基层政府、上级政府，说明它们的资源获取能力、资源控制能力和资源传导能力明显优于他者，个体位势优势明显。以监理方为例，设焦点利益相关者为监理方，它在序关系中处于末位，说明它的关系能力不强，缔结、利用、维护关系的力量均相对薄弱，无法保证独立履职能力和发挥精湛业务专长。这映射现实的项目管理情景中会产生这样的问题：监理方的作用是促使各方全面履行合同，只有充分发挥监理作用，才能够保证建设工程实体质量达到预期目标。然而，在各种资源交换过程中，大量资源向项目业主、基层政府和上级政府集聚，造成了监理方资源短缺，无法有效地行使监理职责，造成了项目建设效果不佳，也是利益相关者在建设期遇到的棘手问题。

7.5.3 HRWF 公司建设期利益相关者资源加权网络模型改进

作为焦点利益相关者，监理方监理力量薄弱，它可以联合方式来应对这种压力，以更好地提升监理的有效性和可靠性。也就是说，监理方可以分别与项目业主、基层政府和承包方组建联盟，以更好地提升监理的有效性和可靠性。当组建联盟后，利益相关者资源加权网络规模有所下降（节点由 9 个减少为 8 个），建设期利益相关者资源加权网络拓扑结构随之发生改变，如图 7-4 所示。

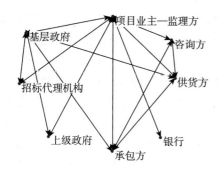

a. 项目业主—监理方联合策略

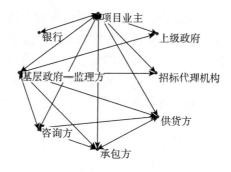

b. 基层政府—监理方联合策略

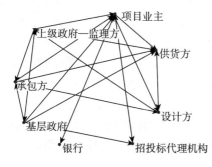

c. 上级政府—监理方联合策略

图 7-4 改进后的建设期利益相关者资源加权网络

备注: c 色度下的利益相关者资源加权网络拓扑结构, r、g、b 色度下的利益相关者资源加权网络见于附件 6。

当监理方与项目业主、基层政府、上级政府联合后, 利益相关者资源加权网络中心性也随之发生变化, 相关计算结果见于表 7-3。

(1) 项目业主—监理方联合策略 (策略 1)。当监理方与项目业主联合时, 特定关系双方与他者联结更加紧密, 是各种资源交换的中心 (3.33); 通过共享优势位势, 该联盟对资源形成了垄断, 获取了强大的资源控制能力 (11.78); 依赖广泛的关系, 资源传递的独立性和有效性得到进一步的保障和强化 (32.67)。之所以产生这样的结果, 是因为在实施联合前, 项目业主和监理方是相互独立的, 在监理方的监理权利被限定在既定范围内的情况下, 项目业主的巡视检查并没有使监理方的履职行为更加有效, 造成了监理方与他者联结关系不多, 加大了它的独立工作难度。实施联合后, 特定关系双方都严格按照相关的法律、法规、标准和规范实施监督, 加之监理方共享了项目业主的位势优势, 联结关系增加, 凸显出绝对中心地位。值得注意的是, 项目业主与监理方实施联合，在有效提升监理方个体位势的同时，也有明显的弊端，主要体现在这种联合会使个别利益相关者度数中心度值下降，意味着在一定程度上会抑制个别利益相关者的信息来源渠道。

（2）基层政府—监理方联合策略（策略2）。当监理方与基层政府联合时，特定关系双方与他者联系紧密程度排在第四位（1.33），明显低于项目业主（3.67）、承包方（2.00）、供货方（1.67），说明它有一定的资源获取能力，但是仍有提升空间；特定关系双方的中介中心度值较高（4.17），仅次于项目业主（8.94）；特定关系双方的接近中心度排在倒数第二位（31.67），仅高于项目业主（30.33），传递各种资源的传递独立性和有效性能够得到保障。之所以发生这样的现象，是因为：实施联合前，监理方和基层政府都进行了监督管理活动，监理方的社会化监理服务和基层政府的权威性监督权力在独立使用时效果并不明显。实施联合后，微观性工程技术服务和宏观性的政府履职行为相结合，整合了执行主体、核查范围、工作方式等方面，明显地提升了监督管理效能。因此，对比联合项目业主与监理方，基层政府和监理方实施联合的优势更加明显，使自身获取、控制和传导资源能力得到提升，承包方和供货方的资源控制能力也有所提升（0.11），使联盟有能力行使监理职权和处理监理纠纷的同时，并未影响各方对资源的获取、控制和传导，达到了一种相对均衡状态，可以适当降低风险。

（3）上级政府—监理方联合策略（策略3）。当监理方与上级政府联合时，特定关系双方的度数中心度的度值较高（2.00），仅次于项目业主（3.67），说明它有较为强大的资源获取能力；特定关系双方的中介中心度的度值较低（1.25），与承包方和供货方差异不大（0.08），明显低于项目业主（10.58）；各方接近中心度值均有明显下降。之所以发生这样的现象，是因为：实施联合前，上级政府的监督和监理方的监理独立发挥作用，上级政府应该对政府资金全面履约情况予以监督，但是由于上级政府主要作用于基层政府和项目业主，较之于基层政府和项目业主，上级政府个体位势优势本身就很微弱。实施联合后，这种位势并没有给监理方带来更多的优势。因此，这种联合方式有明显的弊端，监理方的微弱的资源控制能力很难使特定关系双方对他者形成有效地制约，根本无法保证监理活动正常执行和监理功能合理发挥。在这种情况下，各方接近中心度值均有明显下降，说明各方资源传导的独立性或有效性有所提升，进一步降低了监理的效率和效果。

综上，各种联合方式各有特点，各有侧重，但是无论哪一种联合，较之于联合前，利益相关者联系都更加紧密，大部分利益相关者都可在联合中获益，特别是焦点利益相关者，获取、控制和传导资源的力量都有所提高，有利于保证独立履职能力和发挥精湛业务专长，有效地缓解了监理力量薄弱的现实。

表7-3　改进后的建设期利益相关者资源加权网络中心性计算结果

	度数中心度 DC				中介中心度 BC				接近中心度 CC			
	策略0	策略1	策略2	策略3	策略0	策略1	策略2	策略3	策略0	策略1	策略2	策略3
上级政府	1.00	1.00	1.00	—	0.00	0.00	0.00	—	39.67	32.00	32.00	—
基层政府	2.33	2.00	—	2.00	3.00	2.33	—	2.00	39.33	32.00	—	30.00
项目业主	4.00	—	3.67	3.67	14.75	—	8.94	10.58	40.00	—	30.33	28.33
承包方	2.00	1.67	2.00	2.00	0.08	0.11	0.11	0.08	46.67	36.33	36.33	36.00
监理方	1.33	—			0.08				52.00			
供货方	2.00	1.67	1.67	2.00		0.11	0.11	0.08	46.67	36.33	36.33	36.00
咨询方	1.33	1.00	1.33	1.33					52.00	41.00	41.00	40.67
银行	0.33	0.67	1.00	0.67					41.00	33.33	31.33	29.67
招投标代理机构	1.00	0.67	0.67	0.67	0.00				52.67	41.33	41.33	41.33
项目业主—监理方联合		3.33				11.78				32.67		
基层政府—监理方联合			1.33				4.17				31.67	
上级政府—监理方联合				2.00				1.25				31.00

　　备注：①这里只展示 c 色度下的利益相关者资源加权网络中心性计算结果，r、g、b 色度下的中心性计算结果见于附件7。②策略1代表项目业主—监理方联合，策略2代表基层政府—监理方联合，策略3代表上级政府—监理方联合。

7.5.4　结果讨论与管理启示

　　HRWF公司建设期利益相关者资源加权网络模型是对现行的建设期利益相关者管理实践的合理映射，经研究发现，大量资源向上级政府、基层政府和项目业主汇集，焦点利益相关者若想缓解资源缺陷可以与之联合，这被监理方证明是一种非常有效的方式。联合会对特定关系双方和其他各方产生影响：①联合可以培育焦点利益相关者的位势优势，并利用这种优势来实现对各种资源的利用和重组，从而缓解自身力量的薄弱。②联合也可能会对个别利益相关者的个体位势造成威胁，如果它承受不住这种压力，极有可能退出项目，给项目带来利益损失。因此，建设期利益相关者管理应该强调联合，促使特定关系双方在相互配合和互相协作中形成合力，最大限度地整合资源。同时，利益相关者管理还应该关注受影响群体，考虑如何以适当的激励来调动各方积极性和维持各方稳定性至关重要。

7.6 本章小结

利用复杂网络分析方法，本书构建了以利益相关者为节点，以利益相关者资源交换关系为边的利益相关者资源加权网络模型。结合建设期利益相关者关系特点，依次进行了建设期利益相关者资源加权网络模型的构建、分析和改进，且利用案例数据进行了实例验证，总结适合本阶段特点的利益相关者管理理念，研究表明如下。

由于建设期大量的利益相关者关系数据以文字的形式被保存，仍然采用内容分析法来建立建设期利益相关者资源加权网络模型。该模型是以红、绿、蓝这三种颜色来标识信息、物资和资金这三种资源交换关系，最终使利益相关者关系表现为三色度关系的合成和叠加，证实了建设期利益相关者以复杂加权网络结构形式的存在。

利益相关者的个体位势有所差别，综合度数中心度、中介中心度和接近中心度，可以评估节点中心度的序关系，并指出高中心性节点有位势优势，这种优势不仅可以使关系人继续保持优势，而且可以使其有能力进一步扩大优势，使大量资源向特定关系人集聚的同时，使他者产生资源缺陷，从而强化了他者对特定关系人的高度依赖，弱化了他者对其的规制能力。

对于焦点利益相关者来说，为了巩固和发展有利地位，联合是一种有效方式，体现在联合相对地提高了网络密度，使个体间沟通更加充分且资源流动更加有效；新的网络本体会衍生出新的网络规范，对其中个体产生强大的约束力。

最后，以 HRWF 公司为典型案例进行实例验证。①在内容分析法标准化操作程序指导下，通过提出研究问题、抽取文献样本、制作分析体系、内容编码与统计、解释与检验 5 个步骤，构建了 HRWF 公司建设期利益相关者资源网络模型，证实了利益相关者是以复杂加权网络拓扑结构存在的。②计算了 r、g、b 色度下以及 c 色度下的利益相关者中心性，取阈值 $\delta = \dfrac{1}{3}$，则项目业主、基层政府、上级政府的中心性显著，选取监理方为焦点利益相关者，它的中心性不显著，造成了监理方力量相对薄弱。③为了提升监理有效性和可靠性，监理方分别联合项目业主、基层政府、上级政府，这必然引起各节点中心性随之改变，经对比后发现，联合的优越性最为明显。

在上述分析基础上，本章提出了建设期利益相关者管理的有效路径和重要方法，即利益相关者联合。

8 运营期利益相关者管理研究

建设期结束后，农村沼气工程进入运营期，以项目业主为核心，通过提供"沼气＋沼肥"这一有形实体产品，实现价值链上各环节（原料供应、产品生产、产品交易）的利益相关者（项目业主、养殖基地、种植基地、沼气用户）的价值增值。将各个利益相关者和各项业务活动纳入统一的分析框架，系统动力学分析方法解决此类问题具有良好的合理性。本章依次从三个层次展开研究：首先，定义利益相关者系统动力学模型，提出利益相关者系统动力学模型的主要分析步骤。其次，利用利益相关者系统动力学模型，结合运营期利益相关者特点，完成运营期利益相关者系统动力学模型的构建、分析与调整。再次，引入 HRWF 公司为典型案例，开展实例验证。本章逻辑关系如图 8-1 所示。

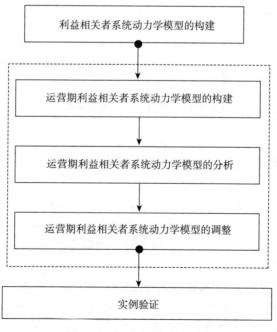

图 8-1　第 8 章的逻辑结构

8.1 利益相关者系统动力学模型的定义

系统动力学理论认为，复杂系统之所以会发生增长、衰减和振荡等一系列行为，是因为复杂系统内各要素间的因果反馈作用。系统动力学模型就是一种以因果反馈控制理论为基础的，并以计算机仿真技术为手段的研究复杂系统的模型（刘立云，雷宏振，邵鹏，2012；毕贵红，王华，2008）。它既是复杂系统内各要素因果关系结构模型，可以深刻剖析系统结构；又有独特的数学表达形式，可以进行模拟实验。因此，系统动力学模型是定性分析与定量分析相结合的产物，为选择最优决策提供有力的科学依据。

利益相关者系统动力学模型是从成本收益角度，视利益相关者和业务活动为复杂经济系统，对影响利益相关者成本收益的各要素进行补充和修正，形成各要素因果反馈控制机制的系统动力学模型。在系统动力学理论指导下，利益相关者系统动力学模型有 4 个步骤（刘景矿，王幼松等，2014），如表 8 - 1 所示。

表 8 - 1 利益相关者系统动力学模型的建模步骤

步骤	内容
第1步，研究边界	划定系统边界，定义变量与常量
第2步，因果关系描述	通过因果关系图描述系统变量的因果反馈控制机制
第3步，存量流量模型	将因果关系图转换为存量流量图，并加以调试，使之更加符合现实经济系统
第4步，模型测试	判断模型是否能够在最大可能上模拟现实经济系统

8.2 运营期利益相关者系统动力学模型的构建

运营期，利益相关者（项目业主、养殖基地、种植基地、沼气用户）围绕各项业务活动（原料供应、产品生产、产品交易）形成了一条价值链。本节将利用利益相关者系统动力学模型，结合运营期利益相关者特点，构建运营期利益相关者系统动力学模型。

8.2.1 运营期利益相关者系统动力学模型研究边界的确定

对于农村沼气工程而言，现实中影响利益相关者成本收益的因素很多，如果全都考虑在内，会使模型无法有效运行，也失去了仿真的意义，所以有必要对模型进行一定的假设。特作假设如下。

假设 1，受道德约束的理性经济人假设。受道德约束的理性经济人（constrained maximized economic man）是对传统理性经济人（economic man）的修正，强调人是平等且互惠的，在主观上追求自身利益的同时，在客观上尊重他人利益。或者说，利益相关者是受道德约束的理性经济人，表现为出于尊重他人利益而相对地约束自我利益的最大化倾向。

假设 2，生产能力与环境容量限制。其中，生产能力限制是指农村沼气工程资源化处理畜禽废弃物的能力是充足的，即不考虑项目生产能力缺乏的问题。环境容量限制是指土壤生态环境对沼肥承载力是有限度的，土壤肥力等级不同，沼肥承载力也不相等。这里假设经厌氧发酵处理后的沼肥可以达到中等肥力土壤环境中的农业灌溉要求。

假设 3，产品市场是完全竞争市场。在完全竞争市场中，任何一个独立个体对价格无影响力，只是价格接受者，被动地接受既定的市场价格。或者说，市场主体只可以根据产品价格来决定产品使用。

根据上述建模假设，运营期利益相关者系统动力模型应该包含 4 个子系统，分别为养殖基地利润子系统、项目业主利润子系统、沼气用户利润子系统、种植基地利润子系统，如表 8-2 所示。

表 8-2 运营期利益相关者系统动力学模型的系统边界

子系统	子系统中的变量	子系统	子系统中的变量
养殖基地利润子系统	养殖基地利润	项目业主利润子系统	项目业主利润
	养殖基地收益		项目业主收益
	养殖基地成本		项目业主成本
沼气用户利润子系统	沼气用户利润	种植基地利润子系统	种植基地利润
	替代能源使用成本		种植基地收益
	沼气使用成本		种植基地成本

从表 8-2 中可以看到，运营期利益相关者系统动力学模型有 4 个子系统组成，分别为养殖基地利润子系统、项目业主利润子系统、沼气用户利润子系统和种植基地利润子系统。

（1）养殖基地利润子系统。该子系统包含养殖基地的利润、收益、成本。养殖基地利润是收益与成本的差额，收益来源于出售畜禽所得到的收入，成本是在畜禽养殖中所使用的各种生产要素的支出。

（2）项目业主利润子系统。该子系统包含项目业主的利润、收益和成本。项目业主利润是收益和成本的差额，收益是沼气和沼肥的出售收入总和，成本是在制取沼气并产生副产品（沼肥）过程中所使用的各种生产要素的支出。

（3）沼气用户利润子系统。该子系统包含沼气用户利润、替代能源使用成本和沼气使用成本。沼气用户利润体现了沼气能源替代效益，沼气能源替代效益是沼气替代传统能源节省的能源开支，在数值上等于替代能源使用成本与沼气使用成本的差值；替代能源使用成本是使用替代能源的成本；沼气使用成本是使用沼气的成本。

（4）种植基地利润子系统。该子系统包含种植基地的利润、收益和成本。种植基地利润来源于收益与成本的差额，收益是出售农作物所得到的收入，成本是在农作物种植中所使用的各种生产要素的支出。

8.2.2 运营期利益相关者系统动力学模型的因果关系图

上一节确立了4个子系统，运营期利益相关者系统动力学模型希望在各子系统总能量保持不变的情况下，通过政策变量引入，调整各子系统间资源流动，实现系统内资源互补，进一步地释放项目运营绩效。或者说，运营期利益相关者系统动力学模型不关注如何使其中任一主体如何最大限度地降低成本和提高收益以实现利润最大化，而更加强调在政策变量影响下的各主体利润的变化，从而寻找到能使政府调控目标与利益相关主体经济行为相吻合的相关政策，使系统内各个利益相关主体能够相互合作，互相支持，更好地创造整体效益。根据上述建模目的，运营期利益相关者系统动力学模型可以用因果关系来表达，如图8-2所示。

图8-2所显示的因果关系图描述了各变量内在联系的概念模型，由变量和因果链组成，变量以因果链相连接，箭头从原因变量指向结果变量，每条因果链有正极（＋）或者负极（－）。正因果链（＋）是原因变量的增加（减少）引起了结果变量的同方向变化；负因果链（－）是原因变量的增加（减少）引起了结果变量的反方向变化。以项目业主利润为例，项目业主收益和项目业主成本是主要影响因子，前者引起利润的同方向变化，该因果链为正因果链，标注正极（＋）；后者引起利润反方向变化，该因果链为负因果链，标注负极（－）。

8.2.3 运营期利益相关者系统动力学模型的存量流量图

根据图8-2对各要素及其因果反馈控制机制的深入分析，可以建立存量流量图以便计算机软件的仿真运行。与因果关系图以变量和因果链来描述模型不同的是，存量流量图是以流位方程、流率方程、辅助方程、常量以及编码程序来描述模型（丁雄，2014）。因此，将图8-2转变为存量流量图后，运营期利益相关者系统动力学模型的存量流量图如图8-3所示。

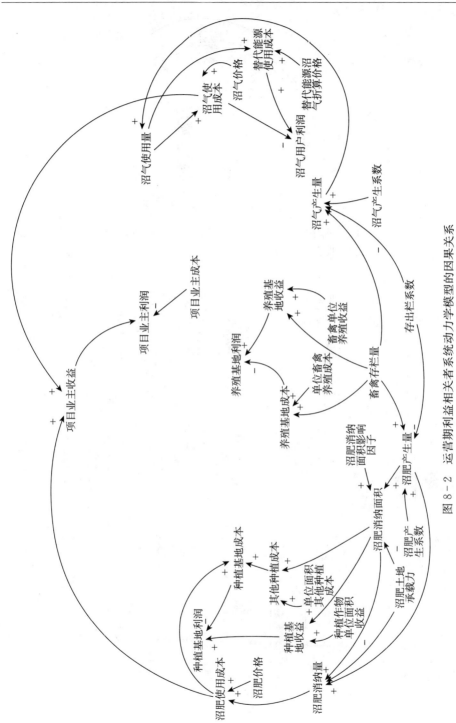

图 8－2 运营期利益相关者系统动力学模型的因果关系

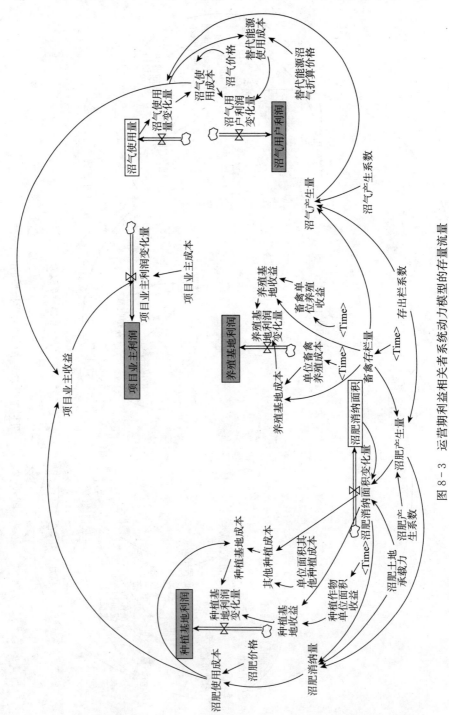

图 8-3 运营期利益相关者系统动力模型的存量流量

图 8-3 给出了运营期利益相关者系统动力学模型的存量流量图，以矩形表示的是存量，以双箭头表示的是流入或者流出存量的流量，以文字形式表示的是辅助变量和常量，具体如下。

（1）流位方程（level equation）。流位方程主要用来描述流位变量（存量）的变化，标准形式如公式 8-1 所示。式中，$L(t)$ 表示在 t 时刻的流位变量，L_0 表示流位变量的初始值（initial value），$\sum R_{in}(t)$ 表示流位变量的输入流，$\sum R_{out}(t)$ 表示流位变量的输出流，$(\sum R_{in}(t) - \sum R_{out}(t))$ 表示净流入。运营期利益相关者系统动力学模型有 6 个流位方程，α、β、γ、δ、ρ、μ 分别代表养殖基地利润初始值、沼气用户利润初始值、种植基地利润初始值、项目业主利润初始值、沼气使用量初始值、沼肥消纳面积初始值，如表 8-3 所示。

$$L(t) = L_0 + \int_0^t \left(\sum R_{in}(t) - \sum R_{out}(t) \right) d_t \qquad (8-1)$$

表 8-3　运营期利益相关者系统动力模型的流位方程

流位方程	流位方程
养殖基地利润＝INTEG（养殖基地利润变化量，α）	项目业主利润＝INTEG（项目业主利润变化量，δ）
沼气用户利润＝INTEG（沼气用户利润变化量，β）	沼气使用量＝INTEG（沼气使用量变化量，ρ）
种植基地利润＝INTEG（种植基地利润变化量，γ）	沼肥消纳面积＝INTEG（沼肥消纳面积变化量，μ）

（2）流率方程（rate equation）。流率方程是定义一个单位时间间隔（DT）内流率变量（流量）的方程，标准形式如公式 8-2 所示。式中，$L(t)$ 为流率变量 $R(t)$ 对应的流位变量，为 t 时刻值；$A(t)$ 为影响流率变量 $R(t)$ 的辅助变量，为 t 时刻值；$R(t-\Delta t)$ 为其他流率变量，为 $t-\Delta t$ 时刻值。流率方程反映了影响流率变量变化的自然规律或者人为决策规则。当流率方程反映的是自然规律时，可以通过规律来构造方程；当流率方程描述的人们调节存量的决策规则时，可以利用规则来构造方程。运营期利益相关者系统动力学模型有 6 个流率方程，如表 8-4 所示。

$$R(t) = f\left[L(t), A(t), R(t-\Delta t) \right] \qquad (8-2)$$

表 8-4　运营期利益相关者系统动力模型的流率方程

流率方程
养殖基地利润变化量＝养殖基地收益－养殖基地成本
项目业主利润变化量＝项目业主收益－项目业主成本
沼气用户利润变化量＝替代能源使用成本－沼气使用成本
种植基地利润变化量＝种植基地收益－种植基地成本
沼气使用量变化量＝min（沼气使用量，沼气产生量）
沼肥消纳面积变化量＝min（沼肥产生量÷沼肥的土地承载力，沼肥消纳面积影响因子×沼肥消纳面积）

（3）辅助方程（auxiliary equation）。辅助方程是为简化流率方程而设立的，有流率变量方程的形式，如公式8-3所示。式中，$L(t)$为流率变量$R(t)$对应的流位变量，为t时刻值；$A_2(t)$为影响辅助变量$A_1(t)$的另一个辅助变量，为t时刻值；$R(t-\Delta t)$为其他流率变量，为$t-\Delta t$时刻值。运营期利益相关者系统动力学模型有很多辅助方程，如表8-5所示。

$$A_1(t) = f[L(t)，A_2(t)，R(t-\Delta t)] \qquad (8-3)$$

表8-5 运营期利益相关者系统动力模型的辅助方程

辅助方程	辅助方程
沼肥产生量＝沼肥产生系数×畜禽存栏量÷存出栏系数	养殖基地成本＝畜禽单位养殖成本×畜禽存栏量
沼气产生量＝沼气产生系数×畜禽存栏量÷存出栏系数	养殖基地收益＝畜禽单位养殖收益×畜禽存栏量
种植基地收益＝种植作物单位面积收益×沼肥消纳面积变化量	种植成本＝其他种植成本＋沼肥使用成本
替代能源使用成本＝替代能源沼气折算价格×沼气使用量变化量	沼肥使用成本＝沼肥单位成本×沼肥消纳量
其他种植支出＝单位面积其他种植成本×沼肥消纳面积变化量	项目业主收益＝沼气使用成本＋沼肥使用成本
沼气使用成本＝沼气使用量变化量×沼气价格	

（4）常量（constant）。常量是模型中数值无法改变的变量。运营期利益相关者系统动力学模型中有很多常量，可以根据实际情况对其进行赋值，如表8-6所示。

表8-6 运营期利益相关者系统动力模型的常量

常量	常量
畜禽存栏量	单位畜禽养殖收益
单位畜禽养殖成本	沼肥产生系数
单位面积种植收益	沼肥土壤承载力
单位面积其他种植成本	沼肥价格
沼气产生系数	单位沼气产生成本
沼气价格	项目业主成本
替代能源沼气折算价格	沼肥消纳面积影响因子
存出栏系数	

8.2.4 运营期利益相关者系统动力学模型的测试方法

系统动力学理论认为，模型只是对现实的抽象与近似，能否有效地模拟现实，直接决定了政策模拟仿真分析质量的高低，这就必须在仿真分析之前对模型进行测试。模型测试有很多方式，其实质都是一个证伪的过程，想从各个方面来证明模型中存在的漏洞是不可能的，因此全面的模型测试不便于操作且没有必要，可以有针对性地选择几种重要的测试就可以了（李旭，2009）。对此，本书选择下述三种测试：现实性检验、极端条件测试、敏感性检验。

（1）现实性检验。现实性检验是在选定过去某一时段的前提下，将仿真得到的结果与实际结果相对比，考察两者是否吻合，以验证模型是否有效的检测。很多学者指出，假若仿真模拟结果与实际数据值之间的相对误差在5%以内，则模型是有效；反之，模型无效。

（2）极端条件测试。极端条件测试主要用于检测模型是否在任何极端情况下都能反映现实变化规律，可以通过模型对冲击所做的反应来判断，主要操作方法是把模型中的某个变量或者若干变量置于极端情况，取值"0"或者"∞"。

（3）敏感性检验。敏感性测试是测量一个变量在一定范围内发生变化时，模型的运行结果将会发生多大的变化。经敏感性测试，运行结果的改变应该与原始图形大致相同，不会出现趋势性的变化。

至此，运营期利益相关者系统动力学模型建立，清晰地描述了影响利益相关者各要素间存在因果反馈控制机制。

8.3　运营期利益相关者系统动力学模型的分析

运营期利益相关者系统动力学模型是对目前各利益相关主体的现有利益格局的定性化描述，它反映了这样一个现象：在资源互补性前提下，项目业主、养殖基地、沼气用户和种植基地通过物资交换和资金交易形成了一条完整的价值链，其中，项目业主上联养殖业、下承种植业以及相关的能源产业，成为这条价值链的枢纽和中心。如果项目持续不断地盈利，就可以引导整个复杂经济系统向纵深发展；如果项目衰败，就会对整个系统产生致命性打击，甚至引发崩溃。一般来说，项目有内部性效益和外部性效益，前者由项目业主自身获取，后者由项目业主以外的其他人无偿取得（王晓霞，王韩民等，2004）。如果项目未能实现足够的内部性效益或者未能有效地将外部性效益内部化，必然导致其经济效益的不显著。经深入分析发现，项目业主内部性效益不足和外部性效益无法内部化主要体现在下述四个方面。

（1）沼气价格不合理。沼气是联结项目业主和沼气用户的关键因素之一，是项目业主收益的主要来源渠道。财务分析理论认为，在项目规模相近的情况下，产品销售价格越高，设计运营年限内的财务净现值和财务内部收益率越明显；反之，产品定价越低，财务效果越差（王晓霞，王韩民等，2004）。也就是说，沼气价格的高低是影响项目能否盈利的关键。相关研究指出，市面常见的天然气、煤气、液化石油气、电等传统能源价格按照单位发热量折算成沼气价格有很大差别，电的沼气折算价格最贵，天然气的沼气折算价格最低，却都显著高于沼气价格，从中可以推断出沼气价格极不合理，有公益化倾向（Yu Chen et al. ，2010）。经调研发现，沼气定价不是由市场决定的，而是在项目区村委会干涉下形成的（施骏，2001）。这种错误的沼气定价方式既无法突出沼气的商品属性，又不能反映沼气的稀缺性。反观世界先进国家，沼气提纯灌装、沼气并入天然气管网、沼气汽车加气站等已经是非常成熟的做法，使沼气成为商品进入市场，并在与其他能源形式竞争过程中引导沼气产业向纵深发展（熊飞龙，朱洪光，2011）。因此，低廉的沼气价格阻碍了项目业主收益的合理实现，打击了项目业主的生产积极性。

（2）沼肥使用量不足。沼肥使用量是联结项目业主和种植业者的关键变量之一，沼肥使用量的多寡直接影响了项目业主收益的高低。目前，大多数种植业者习惯施用肥效释放快的复合肥，对沼肥缺乏兴趣，施用沼肥是一种自发行为（刘秀梅，罗奇祥，2007）。从运输方式上看，沼肥多为就地使用，少数地区可以管道输送，物流配送并不多见（齐林，周志峰等，2012），也在一定程度上限制了沼气施用量。因此，不充分的沼肥利用产生了二次污染，也阻碍了沼肥收益的合理实现，打击了项目业主的生产积极性。

（3）废弃物处理无偿化。在农村沼气工程功能定位于养殖场附属工程的背景下，废弃物处理是无偿的。与这种废弃物无偿处理方式不同，世界先进国家的禽排泄物处理是有偿的，丹麦就对收取畜禽排泄物处理费做出了严格规定，这意味着我国项目业主的经济外部性尚未完全内部化。自2018年1月1日起，《中华人民共和国环境保护税法》规定，向环境排放应税污染物的养殖企业征收环境保护税。同时，《中华人民共和国环境保护税法实施条例》第四条强调，依法对畜禽养殖废弃物进行综合利用和无害化处理的，不属于直接向环境排放污染物，不缴纳环境保护税。因此，畜禽排泄物有偿处理是有可能的，项目业主的经济外部性有内部化的可能。

（4）缺乏必要的扶持和干预。政府以补贴形式支持沼气发展是世界先进国家普遍采用的做法，例如，德国的沼气发电优先上网并给予电价补贴的政策为业主通过沼气发电上网增加收入创造了极好的制度环境；英国的沼气补贴政策包含发电补贴；法国政府除了提供每年3亿欧元的项目建设补贴外，对沼气上网电价实施补贴。然而，我国以项目建设补贴为主，项目运营补贴几乎没有，加之沼气发电价格补贴、沼气电价附加收入调配等一系列政策难以落地，根本不能有效执行，故较之于世界先进国家，我国政府缺乏必要的扶持和干预。

8.4 运营期利益相关者系统动力学模型的调整

上一节分析了利益相关主体的现有利益格局的弊端和隐患，对此，有必要引入政策变量，对运营期利益相关者系统动力学模型进行调整。

8.4.1 引入政策变量

对于农村沼气工程来说，只有全体利益相关者相互配合、互相合作，才能够最大限度地释放项目运行绩效。针对现有利益格局中存在的沼气价格不合理、沼肥施用量不足、废弃物处理无偿化以及缺乏必要的扶持和干预，相对应地，本书提出了沼气价格规制、沼肥补贴、废弃物有偿处理和集中供气补贴。

（1）沼气价格规制。公益性的沼气价格抑制了项目业主的合理收益，适当地提高沼气价格可以恢复沼气商品属性，进一步释放项目业主合理收益。适当地提高沼气价格，可以采用沼气价格规制。沼气价格规制是在沼气价格垄断下，对价格水平或者价格结构进行规制，以限制垄断价格。值得注意的是，能源市场是完全竞争市场，沼气用户可以对比沼气价格和竞争能源价格自主地选择是否使用沼气，这就意味着沼气价格不可能一味地提高，必须综合考虑竞争能源价格。也就是说，在沼气价格规制标准上，必须以能源市场上的竞争能源价格为基本定价依据，将沼气价格制定为与竞争能源相同的价格，其与以往的沼气价格的差值设定为沼气价格规制标准，这种定价方法为竞争导向定价法。

（2）沼肥补贴。沼肥使用量不足阻碍了项目的现金流入，导致项目业主内部性经济得不到很好的实现。为了更好地推广沼肥，财政补贴是一种最为有效的推广手段（高润，高尚宾，万晓红，2011）。沼肥补贴是更好地为了引导沼肥施用，对沼肥使用者发放的补贴。沼肥补贴标准在理论上能够以福利最大化条件下有效激励种植业者施用沼肥的最低补助标准，在实践中，我国出台了一系列政策措施，各地区也提出了与自身农业发展特点相结合的补贴政策和补助标准。

（3）废弃物有偿处理。废弃物处理无偿化产生了经济外部性，减少了项目业主收益来源。为了使外部性收益内部化，可以采用废弃物有偿处理来实现。废弃物有偿处理是废弃物处理有偿化，养殖企业在投放废弃物时要缴纳一定的费用。在废弃物有偿处理标准上，可以参考环境保护税的计税依据和应纳税额，将废弃物有偿处理收费标准设定为环境保护税的上限，因为如果高于环境保护税，养殖企业会出于经济效益的考虑，更加愿意缴纳环境税以获取排污权。

（4）集中供气补贴。为了更好地扶持沼气产业，集中供气补贴是理论界和学术界一致推崇的做法。集中供气补贴是一种以财政资金方式直接补贴项目运行成本的政府性措施，是项目运营补贴的重要组成部分。在集中供气补贴标准上，可以采用成本导向定价法，以单位供气成本为依据，其与沼气价格的差值设定为集中供气补贴标准（吴进，闵师界，2015）。

8.4.2 政策变量引入后的运营期利益相关者系统动力学模型的因果关系图

沼气价格规制、沼肥补贴、废弃物有偿处理和集中供气补贴的引入，使得运营期利益相关者系统动力学模型随之发生变化，如图 8-4 所示。

如图 8-4 所示，政策变量引入后，运营期利益相关者系统动力学模型发生改变，其中，矩形方框代表引入的政策变量及其辅助变量，虚线代表新变量的因果反馈控制关系。除多条因果链外，模型中还出现了由两条或者两条以上因果链组成的因果反馈环。

（1）沼气价格规制。沼气价格规制变相地提高了沼气价格，必然引起沼气使用量的减少，最终导致沼气价格规制费用减少。这是一个由三条因果链组成的负反馈环，环中任何一个变量的改变，都会通过"沼气价格规制费用↑→沼气价格规制对沼气使用量影响的函数↓→沼气使用量↓→沼气价格规制费用↓"这条传导机制减弱变化，导致该变量的反向作用。

（2）沼肥补贴。土地对沼肥承载力是一定的，沼肥补贴会作用于沼肥消纳面积，进而影响沼肥消纳量，这是一个由三条因果链组成的正反馈环，环中任何一个变量的改变，都会通过"沼肥补贴↑→沼肥补贴对沼肥消纳量影响的函数↑→沼肥消纳面积↑→沼肥补贴↑"的传导机制增强变化，导致该变量的正向作用。

（3）废弃物有偿处理。从理论上讲，废弃物有偿处理增加了养殖基地成本，可能引起畜禽饲养量的减少，最终导致废弃物处理费用的减少。由于假设1做出受道德约束的理性经济人假设，对于养殖企业来说，为了不损害自身品性道德，养殖企业不会考虑养殖成本增加对畜禽饲养量的影响，在废弃物处理费用不高于环境保护税的前提下，一定会缴纳废弃物有偿处理费用。

（4）集中供气补贴。集中供气补贴会激发项目业主积极地推广沼气，必然引起沼气使用量增加，最终导致集中供气补贴增加。这是一个由三条因果链组成的正反馈环，环中任何一个变量的改变，都会通过"集中供气补贴↑→集中供气补贴对沼气使用量影响的函数↑→沼气使用量↑→集中供气补贴↑"的传导机制增强变化，导致该变量的正向作用。

8.4.3 政策变量引入后的运营期利益相关者系统动力学模型的存量流量图

在图 8-4 基础上，利用 Vensim 软件，就可以绘制政策变量引入后的运营期利益相关者系统动力模型的存量流量图，如图 8-5 所示。

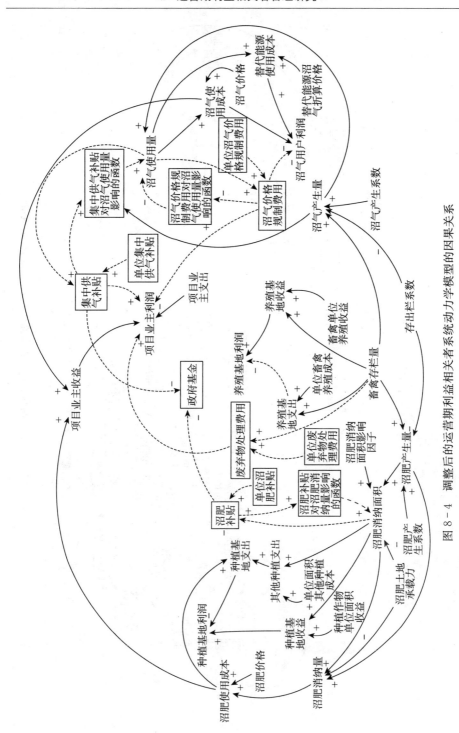

图 8 - 4 调整后的运营期利益相关者系统动力学模型的因果关系

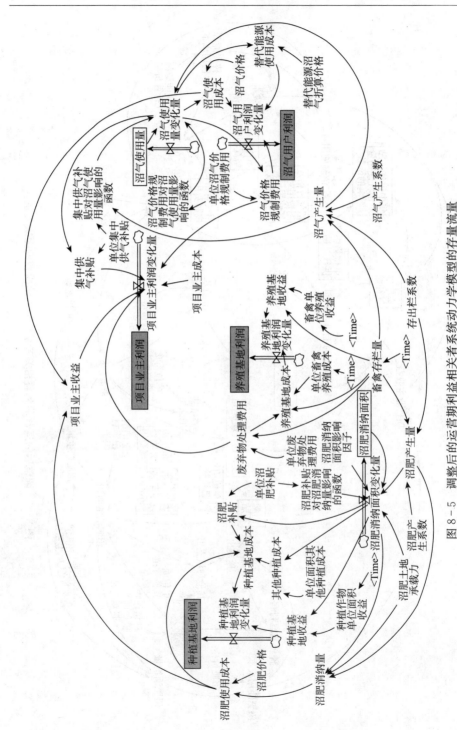

图 8-5　调整后的运营期利益相关者系统动力学模型的存量流量

政策变量引入后的运营期利益相关者系统动力学模型中主要的系统动力学方程如表8-7所示。需要做出特别说明有下述3点：①沼气价格规制费用对沼气使用量影响的函数调用了条件函数，表示当征收沼气价格规制费用时，沼气用户会选择更加廉价的竞争能源而放弃使用沼气，沼气消费数量会减少，最终变成0。反之，沼气用户仍会使用沼气，使沼气消费数量稳定在一定水平上。②集中供气补贴对沼气使用量影的函数调用条件函数，表示若采用集中供气补贴时，项目业主会积极推广沼气，最终使沼气使用量达到沼气产生量；当未采用沼肥补贴时，沼气使用量维持原有状态。③沼肥补贴对沼肥消纳量影响的函数调用条件函数，表示当采用沼肥补贴时，沼肥消纳量会以一定的比例增长；当未采用沼肥补贴时，沼肥消纳量会稳定在一定水平上。

表8-7 运营期农村沼气工程利益相关者系统动力学方程

沼气使用量变化量＝min（沼气产生量，沼气使用量×集中供气补贴对沼气使用量影响的函数×沼气价格规制费用对沼气使用量影响的函数）

沼气用户利润变化量＝替代能源使用成本－沼气价格规制费用－沼气使用成本

沼气价格规制费用＝单位沼气价格规制费用×沼气使用量变化量

沼气价格规制费用对沼气使用量影响的函数＝IF THEN ELSE（单位沼气价格规制费用＞替代能源价格－沼气价格，0，1）

集中供气补贴＝单位集中供气补贴×沼气使用量变化量

集中供气补贴对沼气使用量影响的函数＝IF THEN ELSE（单位集中供气补贴＞0，沼气产生量，1）

沼气用户利润变化量＝替代能源使用成本－沼气使用成本－沼气价格规制费用

废弃物处理费用＝单位废弃物处理费用×畜禽存栏量

养殖基地成本＝单位畜禽养殖成本×畜禽存栏量＋废弃物处理费用

沼肥补贴＝单位沼肥补贴×沼肥消纳面积变化量

沼肥补贴对沼肥消纳量影响的函数＝IF THEN ELSE（单位沼肥补贴＞0，ω，1）

沼肥消纳面积变化量＝min（沼肥产生量÷沼肥的土地承载力，沼肥消纳面积影响因子×沼肥补贴对沼肥消纳量影响的函数×沼肥消纳面积）

种植基地成本＝沼气使用成本＋其他种植成本－沼肥补贴

项目业主利润变化量＝项目业主收益＋废弃物处理费用＋沼气价格规制费用＋集中供气补贴－项目业主支出

8.5 实例验证

前面建立了一个包含各政策变量的运营期利益相关者系统动力学模型，用以描述各主体经济行为决策以及由此带来的效益增量。本节将利用 HRWF 公式为典型案例，进行实证分析，以验证政策设定的有效性。

8.5.1 HRWF 公司运营期利益相关者系统动力学模型的参数设定

表 8-1 列举了运营期利益相关者系统动力学模型中的各种常量，在实例验证时，各常量的赋值均来源于第 3 章。

（1）畜禽存栏量（万头/年）。畜禽存栏量为历史年（2008—2017 年）各年的生猪存栏历史数据，可以调用 Vensim 中表函数的变量表达，即生猪存栏量＝WITHLOOKUP（TIME，（［（0，0）－（10，2.07）］，（0，0），（1，2.07），（2，1.94），（3，1.82），（4，1.88），（5，1.90），（6，1.80），（7，1.71），（8，1.97），（9，1.94），（10，1.90））。

（2）单位畜禽养殖收益（元/头·年）。单位畜禽养殖收益为历史年（2008—2017 年）各年的生猪价格历史数据，调用表函数形式，即畜禽单位养殖收益＝WITHLOOKUP（［（0，0）－（10，2 310）］，（0，0），（1，1 647.8），（2，1 269.4），（3，1 300.2），（4，1 320），（5，1 452），（6，1 320），（7，1 491.6），（8，1 783.1），（9，2 310），（10，1 705））。

（3）单位畜禽养殖成本（元/头·年）。单位畜禽养殖收益指平均每头生猪的养殖成本，包含饲料、人工、防疫、兽药、平摊母猪、设备折旧、水、电等，是历史年（2008—2017 年）各年的生猪单位养殖成本历史数据，即单位畜禽养殖收益＝WITHLOOKUP（TIME，（［（0，0）－（10，1 525.47）］，（0，0），（1，1 077.17），（2，1 064.72），（3，1 257.74），（4，1 207.92），（5，1 369.81），（6，1 513.02），（7，1 525.47），（8，1 363.58），（9，1 095.85），（10，1 207.92））。

（4）单位面积种植收益（元/亩·年）。单位面积种植收益是指平均每亩葡萄的种植收益，为历史年（2008—2017 年）各年的葡萄价格的变化量，是根据 2008—2017 年的葡萄价格历史数据，调用表函数形式，即单位面积种植收益＝WITHLOOKUP（TIME，（［（0，0）－（10，20 000）］，（0，0），（1，4 000），（2，5 000），（3，6 000），（4，10 000），（5，11 000），（6，20 000），（7，20 000），（8，20 000），（9，14 000），（10，14 000））。

（5）单位废弃物处理费用（元/头·年）。《中华人民共和国环境保护税法》直接向存栏规模大于 50 头牛、500 头猪、5 000 羽鸡鸭等的畜禽养殖企业征收环境保护税，应税污染物计税依据如表8-8所示。由于本案例为生猪养殖企业，故单位废弃物处理费用＝1.4元/头·年。

表8-8 畜禽养殖企业污染当量值

	类型	污染当量值	备注
畜禽养殖企业	1. 猪	1头	
	2. 牛	0.1头	水污染：每污染当量1.4元
	3. 鸡、鸭等家禽	30羽	

备注：上述数据来源于《中华人民共和国环境保护税法》，畜禽养殖企业以水污染物污染当量值计。

（6）单位沼气价格规制费用（元/米³）。前面分析指出，沼气价格规制费用在理论上等于竞争能源价格与沼气价格的差值，这里选取液化油气为竞争能源，故单位沼气价格规制费用为1.96元/米³。

表8-9 传统能源沼气折算价格

单位：元/米³

替代能源形式	民用天然气	人工煤气	液化石油气	电	沼气
沼气折算价格	1.81	2.84	2.96	3.89	1.00

（7）单位集中供气补贴（元/米³）。前面分析指出，集中供气补贴在理论上等于沼气消费成本与沼气价格的差值。在此基础上，吴进等学者对不同规模集中供气补贴进行估算，如表8-10所示。这里选取1.50元/米³。

表8-10 不同规模的集中供气补贴额度

单位：元/米³

规模	100	200	300	500	800	1 000	1 200	1 500
集中供气补贴价格	4.73	2.89	2.45	2.02	1.63	1.51	1.50	1.42

（8）单位沼肥补贴（元/亩）。沼肥是一种有机肥，其补贴的标准是依据2017年8月1日河南省农业厅、财政厅联合印发的《河南省2017年农业生产社会化服务试点工作实施指导意见》中明确规定对有机肥补贴的标准来确定的，即"单季作物亩均补助规模不超过100元"。故单位沼肥补贴＝100元/亩。

除上述常量外，一些重要的常量如表8-11所示。

表 8-11　一些重要常量的赋值

变量	初值	变量	初值
养殖基地利润初始值（万元/年）	0	项目业主利润初始值（万元/年）	0
沼气用户利润初始值（万元/年）	0	沼气用户利润初始值（万元/年）	0.
沼气使用量初始值（万米³/年）	2.92	沼肥消纳面积初始值（万亩/年）	0.01
单位面积其他种植成本（元/亩·年）	4 720	沼肥产生系数（吨/头·年）	0.25
沼气产生系数（米³/头·年）	67.62	沼肥土壤承载力（吨/亩）	2.00
沼气价格（元/米³）	1.00	沼肥价格（元/吨）	100.00
替代能源沼气折算价格（元/米³）	2.96	单位沼气产生成本（元/米³）	2.70
存出栏系数（无量纲）	2.2	项目业主成本（万元/年）	53.37
政府基金变化量（万元/年）	0	沼肥消纳面积影响因子（无量纲）	5%

备注：表中数据来自典型案例介绍。该项目严格依照河南省相关规定执行最低供气数量为 100 户，以 0.8 米³/天·户和 365 天/年计，沼气使用量初始值为 2.92 万米³/年；该项目严格依照河南省相关规定执行最低沼肥消纳面积为 100 亩，故其初始值为 0.01 万亩/年；项目区农村家庭普遍使用液化石油气，这里以液化石油气的沼气折算价格作为替代能源沼气折算价格。

8.5.2　HRWF 公司运营期利益相关者系统动力学模型的测试

HRWF 公司运营期利益相关者系统动力学模型是对现有利益格局的抽象与近似，能否有效地模拟现实，必须进行模型测试，这里主要进行现实性检验、极端条件测试和敏感性检验。

8.5.2.1　现实性检验

现实性检验是在选定过去时段的前提下，将仿真值与实际值相对比，考察两者是否吻合，以验证模型拟合程度。很多学者认为，若仿真值与实际值的误差在 10% 以内，模型是有效的；反之，模型是无效的。这里，本书选取了沼肥消纳量变化量作为观察变量，两者误差在 10% 以内，说明模型可以很好地反映现实情况（表 8-12）。

表 8-12　运营期利益相关者系统动力学模型现实性检验结果

单位：亩

第1年	第2年	第3年	第4年	第5年	第6年	第7年	第8年	第9年	第10年
100.00	105.00	110.25	115.76	121.55	127.63	134.01	140.71	147.75	155.13
100.00	105.00	110.00	115.00	120.00	125.00	130.00	135.00	140.00	145.00
0.00%	0.00%	0.23%	0.66%	1.28%	2.06%	2.99%	4.06%	5.24%	6.53%

8.5.2.2　极端条件测试

极端条件测试主要检测模型是否稳定可靠，是否可以在任何极端条件下都如实映射现实系统。本书选取生猪存栏量作为测试变量，历史年（2008—2017

年）的沼肥产生量和沼气产生量作为观察变量，观察在生猪存栏量取极值时沼肥产生量和沼气产生量的变化情况。假设生猪存栏量在历史年（2008—2017年）各年均为0，沼肥消纳量和沼气使用量在历史年（2008—2017年）的变化情况如图8-13所示。

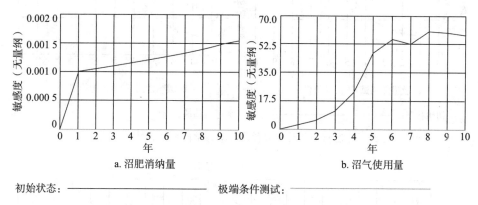

图 8-6 运营期利益相关者系统动力学模型极端条件测试结果

图8-6显示，当生猪存栏量在历史年（2008—2017年）取极值0时，沼肥消纳量和沼气使用量在历史年（2008—2017年）也为0，这符合现实，说明极端条件测试通过。

8.5.2.3 敏感性检验

敏感性参数是对模型中个别结构把握得不是很准确的情况的测试，在变量选择上，有些参数敏感，有些参数不敏感，只有集中精力求证和推敲敏感性参数，才可以用较小的投入换取较满意的结果。因此，本书选取沼气价格和沼肥价格作为测试参数，并假设沼气价格和沼肥价格由初始状态下的1元/米³和100元/亩调整为2元/米³和200元/亩，项目业主在历史年（2008—2017年）各年的利润如图8-7所示。

图8-7显示，沼气价格和沼肥价格由初始状态下的1元/米³和100元/亩调整为2元/米³和200元/亩时，运行结果与原始状态大致相同，没有出现趋势性变化，可以判断该模型通过敏感性检验。

8.5.3 HRWF 公司运营期利益相关者系统动力学模型的仿真

8.5.3.1 未引入任何政策变量的运营期利益相关者系统动力学模型的仿真

在引入任何政策变量时，各变量按目前的变化率和变化趋势自然发展，项目业主、养殖基地、沼气用户、种植基地在历史年（2008—2017年）各年的利润如图8-8所示。

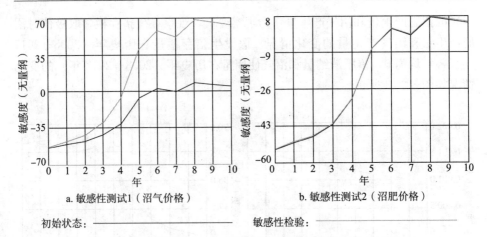

a. 敏感性测试1（沼气价格）　　　　b. 敏感性测试2（沼肥价格）

初始状态：————————　　　敏感性检验：————————

图 8-7　运营期利益相关者系统动力学模型敏感性检验结果

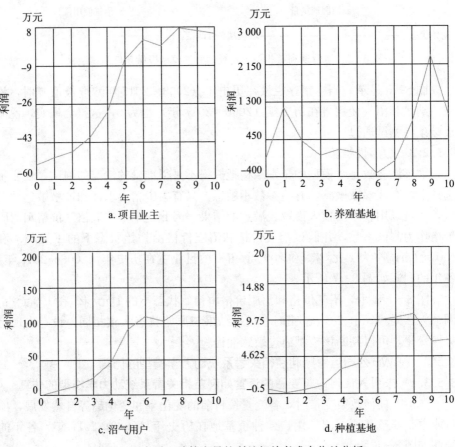

a. 项目业主　　　　　　　　　　b. 养殖基地

c. 沼气用户　　　　　　　　　　d. 种植基地

图 8-8　未引入政策变量的利益相关者成本收益分析

图8-8是对未引入任何政策变量的利益相关者成本收入情况进行的模拟预测，模拟区间为2008—2017年，时间跨度为10年，图中各曲线是利润曲线，是任意时间点对应的值为该时间点上的收益曲线值与成本曲线值的差值。

（1）项目业主。在项目运行初始阶段，项目业主的成本大于收益，利润为负值，暂时处于亏损状态；到第6年（2013年），利润曲线与0轴相交，达到盈亏平衡点；后收益超过成本，利润逐渐上升，最终维持到8万元/年。之所以产生上述现象，是因为项目投资规模大，未形成规模效应时产品单位成本高；随着规模逐步扩大产品单位成本逐渐降低，从而出现利润。即便如此，项目业主始终处于微利状态，这说明即使充分利用现有设备，其收益也是不经济的。

（2）养殖基地。养殖基地利润波动明显，一般以3年为周期，这说明在"一年涨、一年平、一年跌"的猪肉价格周期作用下，养殖基地在历史年各年（2008—2017年）中有的年份存在盈利，有的年份出现亏损。

（3）沼气用户。在未引入任何政策变量时，沼气价格较低，约为1元/米³，较之于竞争能源价格（2.96元/米³），低廉的沼气价格使沼气用户获得了沼气能源效益，并且随沼气使用量的增加，呈逐年上涨态势。因此，沼气用户在历史年（2008—2017年）各年的利润逐年递增，并在第6年（2013年）达到设计生产能力。

（4）种植基地。除第1年（2008年）外，种植基地在历史年（2008—2017年）各年都有盈利，之所以会产生利润，是因为沼肥是一种有机肥，可以改变农产品品质，市场竞争力更高。进一步地，对比历史年（2008—2017年）各年的沼肥消纳量和沼肥产生量，两者差额较大，这说明种植业主的沼肥使用积极性有待提高，这可以通过扩大沼肥消纳面积来实现增加沼肥施用量。

8.5.3.2　引入沼气价格规制后的运营期利益相关者系统动力学模型的仿真

沼气价格规制是对沼气价格水平的规制和调整，以限制沼气垄断价格。沼气价格规制变相地提高了沼气价格，对成本收益会产生影响。现在对沼气价格规制后的利益相关者利润情况进行模拟仿真，结果见于表8-13。

表8-13　引入沼气价格规制后的利益相关者利润分析

单位：万元/年

	项目业主		养殖基地		沼气用户		种植基地	
	方案0	方案1	方案0	方案1	方案0	方案1	方案0	方案1
第1年	−50.350	−44.627	1 181.200	1 181.200	5.723	0.000	−0.460	−0.460
第2年	−47.435	−35.979	397.079	397.079	11.446	0.000	−0.042	−0.042

（续）

	项目业主		养殖基地		沼气用户		种植基地	
	方案0	方案1	方案0	方案1	方案0	方案1	方案0	方案1
第3年	−41.579	−18.686	77.277	77.277	22.892	0.000	0.595	0.595
第4年	−29.894	15.891	210.710	210.710	45.785	0.000	2.940	2.940
第5年	−6.528	85.043	156.160	156.160	91.571	0.000	3.695	3.695
第6年	2.083	110.521	−347.436	−347.436	108.438	0.000	9.623	9.623
第7年	−0.676	102.339	−57.917	−57.917	103.016	0.000	10.104	10.104
第8年	7.321	126.001	826.455	826.455	118.679	0.000	10.609	10.609
第9年	6.406	123.278	2 355.450	2 355.450	116.872	0.000	6.707	6.707
第10年	5.184	119.646	944.452	944.452	114.462	0.000	7.043	7.043

备注：方案0代表未引入政策变量的利益相关者利润情况，即初始状态的利益相关者利润情况；方案1代表引入沼气价格规制后的利益相关者利润情况。

从表8-13中可以看到，沼气价格规制主要作用于项目业主和沼气用户，对其利润产生了影响：①项目业主。沼气价格规制使项目业主取得了沼气能源效益，在第4年（2011年）就达到盈亏平衡，后利润逐年上升，大约稳定在110万元/年。②沼气用户。沼气价格规制使沼气用户失去了沼气能源效益，历史年（2008—2017年）各年的利润均为0。所以说，沼气价格规制为项目带来了较多的现金流入，很好地弥补了沼气内部性收益不足的问题。

8.5.3.3 引入集中供气补贴后的运营期利益相关者系统动力学模型的仿真

集中供气补贴是一种以财政资金方式直接补贴项目运行成本的政府性措施，现在对集中供气补贴后的利益相关者利润情况进行模拟仿真，结果如表8-14所示。

表8-14 引入集中供气补贴后的利益相关者利润分析

单位：万元/年

	项目业主		养殖基地		沼气用户		种植基地	
	方案0	方案1	方案0	方案1	方案0	方案1	方案0	方案1
第1年	−50.350	105.791	1 181.200	1 181.200	5.723	124.704	−0.460	−0.460
第2年	−47.435	95.806	397.079	397.079	11.446	116.782	−0.042	−0.042
第3年	−41.579	86.590	77.277	77.277	22.892	109.643	0.595	0.595
第4年	−29.894	91.206	210.710	210.710	45.785	113.527	2.940	2.940
第5年	−6.528	92.749	156.160	156.160	91.571	114.462	3.695	3.695
第6年	2.083	85.071	−347.436	−347.436	108.438	108.438	9.623	9.623

（续）

	项目业主		养殖基地		沼气用户		种植基地	
	方案0	方案1	方案0	方案1	方案0	方案1	方案0	方案1
第7年	−0.676	78.162	−57.917	−57.917	103.016	103.016	10.104	10.104
第8年	7.321	98.127	826.455	826.455	118.679	118.679	10.609	10.609
第9年	6.406	95.849	2 355.450	2 355.450	116.872	116.872	6.707	6.707
第10年	5.184	92.782	944.452	944.452	114.462	114.462	7.043	7.043

备注：方案0代表未引入政策变量的利益相关者利润情况，即初始状态的利益相关者利润情况；方案1代表引入集中供气补贴后的利益相关者利润情况。

从表8-14中可以看到，集中供气补贴主要作用于项目业主和沼气用户，对其利润均产生了影响：①集中供气补贴使项目业主在第1年（2008年）就摆脱了亏损状态，实现了盈利，效益增量显著。②集中供气补贴使沼气用户获得了更多的沼气能源效益，在沼气价格未发生变化的情况下，更多的沼气能源效益来自沼气使用量的增加。可以说，集中供气补贴提高了项目业主推广沼气的积极性，使项目业主利润水平极大地提高，也使沼气用户获得了更多的沼气能源效益。

8.5.3.4 引入沼肥补贴后的运营期利益相关者系统动力学模型的仿真

沼肥补贴是对种植业者进行补贴，直接减少了种植成本，对其成本收益必然产生影响。同时，沼肥补贴有利于提高种植业者施用沼肥的积极性，沼肥使用量随之增加，对项目业主也会产生一定的影响。现在对沼肥补贴后的利益相关者成本收益情况进行模拟仿真，结果如表8-15所示。

表8-15 引入沼肥补贴后的利益相关者利润分析

单位：万元/年

	项目业主		养殖基地		沼气用户		种植基地	
	方案0	方案1	方案0	方案1	方案0	方案1	方案0	方案1
第1年	−50.350	−50.250	1 181.200	1 181.200	5.723	5.723	−0.460	−0.820
第2年	−47.435	−47.310	397.079	397.079	11.446	11.446	−0.042	0.198
第3年	−41.579	−41.448	77.277	77.277	22.892	22.892	0.595	1.427
第4年	−29.894	−29.744	210.710	210.710	45.785	45.785	2.940	6.894
第5年	−6.528	−6.357	156.160	156.160	91.571	91.571	3.695	9.048
第6年	2.083	2.227	−347.436	−347.436	108.438	108.438	9.623	24.440
第7年	−0.676	−0.456	−57.917	−57.917	103.016	103.016	10.104	26.892
第8年	7.321	7.570	826.455	826.455	118.679	118.679	10.609	29.582

（续）

	项目业主		养殖基地		沼气用户		种植基地	
	方案0	方案1	方案0	方案1	方案0	方案1	方案0	方案1
第9年	6.406	6.687	2 355.450	2 355.450	116.872	116.872	6.707	19.678
第10年	5.184	5.500	944.452	944.452	114.462	114.462	7.043	21.646

备注：方案0代表未引入政策变量的利益相关者利润情况，即初始状态的利益相关者利润情况；方案1代表引入沼肥后的利益相关者利润情况。

从表8-15中可以看到，沼肥补贴对项目业主和种植基地的利润产生影响：①项目业主。沼肥补贴提高了种植业者施用沼肥的积极性，伴随消纳沼肥土地量的增加，项目业主利润有所增加，但增幅不大。②种植基地。沼肥补贴降低了种植成本，在第2年（2009年）就达到盈亏平衡，后收益值与成本值的差值逐年增加，效益增量显著。可以说，沼肥补贴的优势在于提高种植业者的利润水平，但对项目业主增效甚微。

8.5.3.5 引入废弃物有偿处理后的运营期利益相关者系统动力学模型的仿真

废弃物有偿处理是废弃物处理有偿化，养殖企业在投放废弃物时要缴纳一定的费用。现在对废弃物有偿处理后的利益相关者利润情况进行模拟仿真，结果如表8-16所示。

表8-16　引入废弃物有偿处理后的利益相关者利润分析

单位：万元/年

	项目业主		养殖基地		沼气用户		种植基地	
	方案0	方案1	方案0	方案1	方案0	方案1	方案0	方案1
第1年	−50.350	−47.452	1 181.200	1 178.31	5.723	5.723	−0.460	−0.460
第2年	−47.435	−44.709	397.079	394.363	11.446	11.446	−0.042	−0.042
第3年	−41.579	−39.032	77.277	74.729	22.892	22.892	0.595	0.595
第4年	−29.894	−27.262	210.710	208.078	45.785	45.785	2.940	2.940
第5年	−6.528	−3.868	156.160	153.510	91.571	91.571	3.695	3.695
第6年	2.083	4.603	−347.436	−349.956	108.438	108.438	9.623	9.623
第7年	−0.676	1.717	−57.917	−60.311	103.016	103.016	10.104	10.104
第8年	7.321	10.079	826.455	823.697	118.679	118.679	10.609	10.609
第9年	6.406	9.122	2 355.450	2 352.730	116.872	116.872	6.707	6.707
第10年	5.184	7.844	944.452	941.792	114.462	114.462	7.043	7.043

备注：方案0代表未引入政策变量的利益相关者利润情况，即初始状态的利益相关者利润情况；方案1代表引入废弃物有偿处理后的利益相关者利润情况。

从表 8-16 中可以看到，废弃物有偿处理主要作用于项目业主和养殖企业，对其利润均产生了影响：①项目业主。项目业主向养殖基地收取废弃物处理费用，拓宽了项目收益来源，使其利润水平有小幅上升，效益增量并不显著。②养殖基地。养殖基地支付了废弃物有偿处理费用，养殖成本增加，利润随之减少，但减幅不大。可以说，废弃物有偿处理减少了养殖企业利润水平，却未能够从根本上扭转项目业主利润趋势。

8.5.3.6 引入政策变量后的运营期利益相关者系统动力学模型的仿真

引入政策变量后，沼气价格规制、集中供气补贴、沼肥补贴、废弃物有偿处理这 4 种政策可以排列组合使用，如表 8-17 所示。

表 8-17 政策变量设定

政策变量设定	参数设定
A	沼气用户向项目业主缴纳沼气价格规制费用 1.96 元/米^3
B	政府向项目业主支付集中供气补贴 1.50 元/米^3·天
C	政府向种植基地支付沼肥补贴 100 元/亩
D	养殖基地向项目业主支付废弃物处理费用 1.4 元/头·年
$A+B$	沼气用户向项目业主缴纳沼气价格规制费用 1.96 元/米^3，政府向项目业主支付集中供气补贴 1.50 元/米^3·天
$A+C$	沼气用户向项目业主缴纳沼气价格规制费用 1.96 元/米^3，政府向种植基地支付沼肥补贴 100 元/亩
$A+D$	沼气用户向项目业主缴纳沼气价格规制费用 1.96 元/米^3，养殖基地向项目业主支付废弃物处理费用 1.4 元/头·年
$B+C$	政府向项目业主支付集中供气补贴 1.50 元/米^3·天，政府向种植基地支付沼肥补贴 100 元/亩
$B+D$	政府向项目业主支付集中供气补贴 1.50 元/米^3·天，养殖基地向项目业主支付废弃物处理费用 1.4 元/头·年
$C+D$	政府向种植基地支付沼肥补贴 100 元/亩，养殖基地向项目业主支付废弃物处理费用 1.4 元/头·年
$A+B+C$	沼气用户向项目业主缴纳沼气价格规制费用 1.96 元/米^3，政府向项目业主支付集中供气补贴 1.50 元/米^3·天，政府向种植基地支付沼肥补贴 100 元/亩
$A+B+D$	沼气用户向项目业主缴纳沼气价格规制费用 1.96 元/米^3，政府向项目业主支付集中供气补贴 1.50 元/米^3·天，养殖基地向项目业主支付废弃物处理费用 1.4 元/头·年
$A+C+D$	沼气用户向项目业主缴纳沼气价格规制费用 1.96 元/米^3，政府向种植基地支付沼肥补贴 100 元/亩，养殖基地向项目业主支付废弃物处理费用 1.4 元/头·年

（续）

政策变量设定	参数设定
$B+C+D$	政府向项目业主支付集中供气补贴 1.50 元/米³·天，政府向种植基地支付沼肥补贴 100 元/亩，养殖基地向项目业主支付废弃物处理费用 1.4 元/头·年
$A+B+C+D$	沼气用户向项目业主缴纳沼气价格规制费用 1.96 元/米³，政府向项目业主支付集中供气补贴 1.50 元/米³·年，政府向种植基地支付沼肥补贴 100 元/亩，养殖基地向项目业主支付废弃物处理费用 1.4 元/头·年

利用 Vensim 软件，本书进行了仿真模拟实验，模拟与比较各政策设定下的利益相关者效益增量，如表 8-18 所示，详细数据见于附件 7。

表 8-18　引入政策变量后的运营期利益相关者系统动力学模型模拟仿真结果

单位：万元/年

序号	政策变量设定	总体利润水平	利润变化量	利润变化率
0	初始状态	6 377.662	—	—
1	A	6 377.672	0.010	0.00%
2	B	7 856.962	1 479.300	23.19%
3	C	6 467.720	90.058	1.15%
4	D	6 377.683	0.021	0.00%
5	$A+B$	7 798.622	1 420.960	22.28%
6	$A+C$	6 467.774	90.112	1.16%
7	$A+D$	6 377.684	0.022	0.00%
8	$B+C$	7 946.816	1 569.154	24.60%
9	$B+D$	7 856.728	1 479.066	18.61%
10	$C+D$	6 467.782	90.120	1.15%
11	$A+B+C$	7 946.906	1 569.244	24.26%
12	$A+B+D$	7 847.817	1 470.156	18.50%
13	$A+C+D$	6 467.785	90.123	1.15%
14	$B+C+D$	7 946.828	1 569.166	24.26%
15	$A+B+C+D$	9 091.234	2 713.572	34.15%

从表 8-18 中可以看到，在各种政策设定下，由项目业主、养殖基地、沼气用户和种植基地所组成的复杂经济系统在 10 年的时间跨度中的累计利润会发生变化，且各种政策设定所引起的变化各不相同。

（1）沼气价格规制（A）。沼气价格规制体现了沼气的稀缺性，它的商品价值完全归项目业主所有，然而，这种政策并未创造出新的利润，只是将沼气能源效益从一个主体转入另一主体手中，所以利润变化率为 0.00%。

（2）集中供气补贴（B）。集中供气补贴在为项目业主直接带来现金流入的同时，也为沼气用户带来了明显的沼气能源效益。如果作为单独使用的政策，集中供气补贴的效益增量最为明显，为 23.19%。

（3）沼肥补贴（C）。沼肥补贴降低了种植成本，激发了种植业者的沼肥使用积极性，作为一种政策调节手段，它更加有针对性，主要针对种植基地，但是对整个复杂经济系统并没有太大影响，仅为 1.15%。

（4）废弃物有偿处理（D）。废弃物有偿处理拓宽了项目业主收益来源渠道，是一种经济外部性内部化的手段。然而，这种政策并未创造出新的利润，只是将外部性效益从一个主体转入另一主体手中，利润变化率为 0.00%。

（5）沼气价格规制＋集中供气补贴（$A+B$）。沼气价格规制和集中供气补贴的联合使用旨在推广沼气使用量，并将所有的沼气能源效益归项目业主所有。然而，经模拟仿真结果证实，二者联合使用效果没有达到预期效果，整个系统效益增量仅为 22.28%，低于集中供气补贴单独使用（23.19%）。

（6）沼气价格规制＋沼肥补贴（$A+C$）。沼气价格规制和沼肥补贴的联合使用旨在推广沼肥使用量的同时，将原有的沼气能源效益由项目业主所有。这种联合政策并没有给复杂经济系统带来的现金流入有限，仅为 1.16%。

（7）沼气价格规制＋废弃物有偿处理（$A+D$）。沼气价格规制和废弃物有偿处理的联合使用只是进行了利益转移，但并没有创造出新的利益，所以利润变化量为 0，利润变化率为 0.00%。

（8）集中供气补贴＋沼肥补贴（$B+C$）。集中供气补贴＋沼肥补贴的联合使用的意义在于增加了项目产品使用量，拓展了项目收益来源渠道，效益增量明显，为 24.60%。

（9）集中供气补贴＋废弃物有偿处理（$B+D$）。较之于集中供气补贴的独立使用（23.19%），集中供气补贴和废弃物有偿处理的联合使用并没有给整个系统带来更多的现金流入（24.60%）。

（10）沼肥补贴＋废弃物有偿处理（$C+D$）。沼肥补贴和废弃物有偿处理联合使用在总体上维持在一个较低的水平上，为复杂经济系统带来的效益增量并不显著，仅为 1.15%。

（11）沼气价格规制＋集中供气补贴＋沼肥补贴（$A+B+C$）。上述三者的联合使用会产生下述三种效果：沼气能源效益的转移、沼肥消纳面积的扩大以及沼气使用量的增加，三者相结合，整个系统效益增量明显，为 24.26%。

（12）沼气价格规制＋集中供气补贴＋废弃物有偿处理（$A+B+D$）。上述三者的联合使用会产生下述三种效果：沼气能源效益和废弃物处理费用的转移以及沼气使用量增加，三者相结合，整个系统效益增量明显，为18.50％。

（13）沼气价格规制＋沼肥补贴＋废弃物有偿处理（$A+C+D$）。上述三者的联合使用产生下述三种效果：沼气能源效益和废弃物处理费用的转移以及沼肥消纳面积增加，整个系统的利润增量状况很不乐观，仅为1.15％。

（14）集中供气补贴＋沼肥补贴＋废弃物有偿处理（$B+C+D$）。上述三者的联合使用产生下述三种效果：项目产品使用量的增加、废弃物处理费用的转移以及为整个系统带来的一定现金流入，为24.26％。

（15）沼气价格规制＋集中供气补贴＋沼肥补贴＋废弃物有偿处理（$A+B+C+D$）。在四种政策综合作用下，复杂经济系统效益增量达到最优状态，为34.15％，明显优于其他政策组合形式。

综上，各种政策组合各有特点，以沼气价格规制、集中供气补贴、沼肥补贴和废弃物有偿处理的综合作用效果最佳，明显优于其他形式。

8.5.4 结果讨论与管理启示

从前面分析中可以看到，在运营期利益相关者系统动力学模型中，通过引入沼气价格规制、集中供气补贴、沼肥补贴和废弃物有偿处理后，各利益相关主体能够相互合作、互相支持，使各子系统间资源流动更加顺畅，资源互补优势更加凸显，进一步释放项目运营绩效。

（1）沼肥价格规制。现行的项目管理实践认为，应该维持较低的沼气价格以突出项目的公益性，系统动力学仿真分析表明沼气价格过低，造成了运行成本与定价体系的利益缺口，使项目业主经济内部性不足，影响了项目可持续运行。对此，最大限度地恢复沼气的商品属性，沼气价格规制是一种重要的政策工具。一般来说，当沼气价格上涨幅度越大，项目业主的经济驱动力越强，生产积极性就越高。当沼气价格上涨一定幅度时，即沼气价格上涨幅度不低于能源市场上的竞争能源价格与沼气价格的差值时，就完全实现了沼气的经济外部性的内部化。值得引起注意的是，沼气价格规制意味着与能源市场上的竞争能源相比，沼气失去了价格优势，必然要求项目业主应该自发地提高沼气服务质量以保持现有的竞争优势，避免沼气用户流失。

（2）集中供气补贴。随着煤、电、水、人力等各项生产成本的上涨，以及人们日渐提高的能源品味，农村沼气工程承担越来越高的生产成本。一些已有研究肯定了补贴的积极作用，成为理论界和实践界一致推崇的做法。相关研究认为，补贴有可能产生挤出效应，并不是补贴越多越好，故本书提出与成本相平衡的集中供气补贴，设定单位补贴为1.5元/米³，系统动力学仿真分析表明其经济效果显著，是一种有效激励措施。为了更好地实施集中供气补贴，要坚持政府引导、市场运作的方针，一方面强化财政补贴力度，逐步推广建设补贴与用气补贴相结合的补贴方式；另一方面，以市场运作带动社会资本流入，提升项目商业化运行的可持续性。

（3）沼肥补贴。沼肥是联结项目业主与种植业主的关键要素之一，沼肥使用量增加可以为项目业主带来一定的现金流入。引导沼肥施用，沼肥补贴是一个突破口。根据河南省相关政策规定，设定沼肥补贴为 100 元/亩，系统动力学仿真分析发现，沼肥补贴的主要作用是扩大沼肥施用面积，产生了大量的种植收入，也为业主带来了有限的现金流入。为了更好地推广沼肥补贴，采用的主要做法有：资金引导、政策支持；加大宣传、提高认识。

（4）废弃物有偿处理。废弃物有偿处理在项目业主和养殖企业之间建立起了利益链接关系，开辟了一条新的资金来源渠道，是一种解决经济外部性内部化的措施。本书以环境保护税的课税单位（1.4 元/头）为标准，制定了单位废弃物有偿处理费用，经系统动力学仿真分析发现，单位废弃物有偿处理费用越高，项目业主的经济外部性内部化程度越高，当单位废弃物有偿处理费用等于单位环境保护税时，废弃物处理的经济外部性完全内部化。值得引起注意的是，废弃物有偿处理的经济效率有限，需要配合其他政策共同使用。此外，它的激励作用与政府部门的监管效率和执法强度直接相关，所以废弃物有偿处理的实施必须完善环境法律制度，强化环保执法力度。

综上，沼气价格规制、集中供气补贴、沼肥补贴以及废弃物有偿处理的组合使用，可以达到最佳的管理效能。从根本上说，这种政策组合形式旨在使利益相关者收益分享，或者说，利益相关者收益分享是运营期利益相关者管理的核心和本质。

8.6　本章小结

利用系统动力学分析方法，本书构建了利益相关者系统动力学模型，这是一个从成本收益视角，描述影响利益相关者成本收益的各要素及其因果反馈控制机制的系统动力学模型。结合运营期利益相关者特点，依次进行了运营期利益相关者系统动力学模型的构建、分析和调整，并以 HRWF 公司为例，进行了实例验证，总结了与本阶段特征相适应的利益相关者管理理念，研究表明如下。

运营期利益相关者系统动力学模型是从成本收益视角，视利益相关者（项目业主、养殖基地、种植基地、沼气用户）围绕各项业务活动（原料供应、产品生产、产品交易）形成了一条价值链。其中，项目业主上联养殖基地、下承沼气用户和种植基地，是价值链的核心。沼气价格不合理、沼肥施用量不足、废弃物无偿处理、缺乏必要的扶持和干预等必要利益链接关系缺失使得项目业主经济内部性不足和经济外部性无法内部化，很容易引起系统崩溃。针对上述问题，本书设定了沼气价格规制、沼肥补贴、废弃物有偿处理、集中供气补贴这四种政策，对各利益相关主体间缺失的关系进行重构。

采用 HRWF 公司为典型案例，进行了实例验证，模拟仿真了政策变量引入前后的各主体以及整个系统的利润变化情况，结果显示，不同的政策组合形式各有特点，综合使用沼气价格规制、集中供气补贴、沼肥补贴和废弃物有偿处理可以使复杂经济系统效益增量更加明显。因此，沼气价格规制、集中供气补贴、沼肥补贴以及废弃物有偿处理的组合使用，可以达到最佳的管理效能，由于这种政策组合形式的本质是利益相关者收益分担，是运营期利益相关者管理的核心和本质。

9 全书总结

9.1 主要研究结论

本书综合运用多种分析方法，在生命周期视角下，系统性地研究了农村沼气工程利益相关者管理，研究内容包含农村沼气工程的生命周期分析、农村沼气工程利益相关者的识别、立项期利益相关者管理研究、建设期利益相关者管理研究和运营期利益相关者管理研究，主要结论如下。

首先，农村沼气工程的生命周期分析指出，农村沼气工程是为生产沼气并附带沼肥生产的一次性过程，它的本质是项目，除了项目所具备的一般特征外，它还是一项复合性基础产业，有利于实现"减量化、再使用、再循环"，有很强的外部性。作为我国基本建设项目的一员，它有生命周期特征，体现了项目从开始到结束的全流程。如果可以将之划分为一系列阶段的话，就更有利于管理和控制。借鉴 PMI、CIOB、ISO、WB、中国建设项目基本程序等生命周期划分方法，农村沼气工程生命周期可以被划分为立项期、建设期和运营期。它们既相互关联，却也相对独立，阶段性特点非常突出，主要体现在业务活动、交付成果、资源、利益相关者以及利益相关者关系上。

其次，通过农村沼气工程利益相关者识别发现，农村沼气工程有很多利益相关者，正确地管理利益相关者，就必须厘清利益相关者。本书采用文献分析、头脑风暴、专家评判、名录整合、反馈论证 5 个步骤，确定了 15 个利益相关者，并证实了当农村沼气工程从上一个阶段进入下一个阶段时，利益相关者有明显的动态演化特征，表现为各阶段利益相关者是不同的。进一步，运用利益相关者显著模型，从权力性、合法性、急迫性三个维度将利益相关者划分为核心、中间、边缘三种类型，关注各阶段以不同利益相关者为核心，反映出在现行的利益相关者管理实践中的诸多问题：立项期，传统的以政府为主导的项目立项决策体系未发生明显改变，养殖基地、沼气用户、种植基地等社会公众边缘化问题依然突出，形式化参与十分明显；建设期，以上级政府、基层政府、项目业主为核心，承包方、供货方、监理方等的独立作用没有得到有效发挥，理想状态的农村沼气工程"投—建"分离尚未真正实现；运营期，以项目业主为核心，使项目业主负载过重，难以发挥引领功能。上述研究确定了本书的研究边界，明晰了分阶段开展利益相关者管理研究更加有科学性。

再次，经立项期利益相关者管理研究表明：立项期，利益相关者以利益相关者超网络结构存在，它是由业务网、业务-主体网和主体网集结而成。这种超网络结构可以解释其中个体的行为方式：那些参与更多的业务活动且与他者建立更多的联结关系的关系人可以在信息传播过程中拥有一定的优势；反之，则犹如限制了它们的消化吸收能力，无法对现有信息进行加工和利用以及对未来信息进行挖掘和赚取。极端情形是，如果边缘群体参与的业务活动不多，且与他者关系有限，必然引起信息非线性转移，加剧信息失衡，甚至产生信息遗漏，有可能产生各方利用彼此间信息不对称来谋求私利的现象。针对该极端情形，立项期利益相关者超网络模型优化求解了最优解，即将之引入关键性业务活动且与其中既有节点建立起联结关系，可以有效地提升个体位势。以 FR-WF 公司为例，项目业主的个体位势最优；上级政府、基层政府、村级组织的个体位势次优；包含沼气用户、种植基地、养殖基地在内的其他利益相关者没有任何位势优势，这说明该超网络结构未达到最佳状态。通过沼气用户、种植基地、养殖基地引入关键性业务活动并与既有主体建立起信息交换关系，从而让他们具备了一定的位势优势，这证明优化是合理有效的。因此，立项期利益相关者管理应该鼓励边缘人群加入更多的业务活动，并与他者形成更多的关联关系。或者说，鼓励参与是立项期利益相关者管理的核心。

复次，经建设期利益相关者管理研究表明：建设期，利益相关者以利益相关者资源加权网络结构存在，它是对形成于信息流、物资流和资金流中的利益相关者关系的抽象与映射。综合度数中心性、中介中心性和接近中心性这三个分析视角，可以辨别利益相关者个体位势差异性，优势的个体位势在资源获取能力、资源控制能力和资源传导能力上明显优于他者，且这种优势不仅可以使其继续保持优势，而且可以使其有能力进一步扩大优势，使大量资源向该者集聚的同时，使他者产生资源缺陷，从而强化了他者对它的高度依赖，弱化了他者的规制能力。对于焦点利益相关者来说，可以有选择性地与之实施联合未必不是一种最佳的选择。以 FRWF 公司为例，项目业主、基层政府和上级政府的个体位势最佳，有丰富的资源。选取监理方为焦点利益相关者，分别与项目业主、基层政府和上级政府实施联合后，监理方可以更加有效地获取、控制和传导资源，在很大程度上规避了监理力量薄弱的现实。因此，建设期利益相关者管理应该强调联合，使特定关系双方在相互配合和彼此协作中形成合力，尽可能整合资源。或者说，利益相关者联合是建设期利益相关者管理的有效方式。

最后，经运营期利益相关者管理研究表明：运营期，从成本收益视角，视利益相关者（项目业主、养殖基地、种植基地、沼气用户）围绕各项业务活动（原料供应、产品生产、产品交易）形成了一条价值链。其中，项目业主上联养殖基地、下承沼气用户和种植基地，是价值链的核心。沼气价格不合理、沼肥施用量不足、废弃物无偿处理、缺乏必要的扶持和干预等必要利益链接关系的缺失使得项目业主经济内部性不足和经济外部性无法内部化，很容易引起系统崩溃。与之相对应的是，沼气价格规制、沼肥补贴、废弃物有偿处理、集中供气补贴这四种政策可以使利益相关者间缺失的关系进行重构。采用 HRWF 公司为典型案例，进行实例验证，模拟仿真了政策变量引入前后的各主体以及整个系统的利润变化情况，结果显示，不同的政策组合形式各有特点，综合使用沼气价格规制、集中供气补贴、沼肥补贴和废弃物有偿处理可以使复杂经济系统效益增量更加明显。因此，运营期利益相关者管理应该更加强调收益分享，或者说，利益相关者收益分享是运营期利益相关者管理的重要方法。

9.2 对策与建议

从上述研究结论中可知：农村沼气工程有很多利益相关者，为了交付阶段性成果和实现项目最终目标，以资源交换为纽带，互相依赖、相互依存，形成了动态的自组织网络系统。它并非天然地产生协调效应，自然地产生绩效是没有道理的（孙国强，2004）。对此，应结合各阶段特点，提出与之相适应的利益相关者管理的对策与建议。

9.2.1 提高利益相关者有效参与，提升项目立项水平

立项期是项目立项决策形成时期，项目立项决策的科学化和民主化离不开利益相关者的参与。第 6 章分析指出，建立制度性保障体系、调整关键性业务活动工作方式和加强沟通可以有效地提高利益相关者参与的广度和深度。

第一，建立制度性保障体系。建立制度性保障体系，给予利益相关者以权力主体资格，利益相关者才有可能被纳入项目立项决策体系之中。首先，建立权利主体制度。任何利益相关者都有权利平等地参与项目立项决策，不应该被排斥于立项决策体系之外。特别要指出的是，个体独立行为难以奏效，必须以集体行动为基础。因此，利益相关者中还应该包含经选举、推荐和委托的各类社会组织，以集体力量为基础来传达利益要求和反馈利益偏好，保证被代表主体的参与权和话语权。其次，权利内容制度。现行的农村沼气工程相关政策未就知情权、表达权、建议权等一系列参与权作较为明确的规定，使利益相关者难以衡量自身权力是否遭到破坏，更无从谈起损失承担及其归属问题。因此，

针对全国性相关法律中对参与权还比较模糊的现状，可以尝试自主性设立区域性、行业性、辅助性的法律条例。此外，政府可以设立一些强制性措施，将参与作为利益相关者的义务，如果不参与就会受到一定的惩罚，这必将激发各方树立积极主动的参与理念，自觉培养主体意识和权利意识。

第二，调整关键性业务活动工作方式。为了强化关键性业务活动工作能力，有必要调整其工作方式。①社会影响评价科学化。编写项目规划方案最常见的做法是借助一个现实的模板撰写一个符合行政要求的方案，通篇强调有利之处。虽然这些有利之处客观存在，从未论及不利之处。其实这些不利之处才是制约项目成败的关键，最终流于形式。社会影响评价科学化应该是这样一个过程，通过其可以确保项目被充分告知，并在撰写方案时考虑与之相关的社会问题，识别、检测、评估项目各种社会因素，最大可能地规避社会风险。②初步审查乡村化。初审项目规划方案一般以书面审查方式对项目规划方案完备性进行审查，由于未对实质性内容进行核实，故无法评判其真实性。初步审查乡村化既要做完备性审查，也要做真实性审查，这就必须使审查人深入项目区走访利益相关人群，广泛听取意见，以便更多地了解项目是否被支持和接纳以及由此可能产生的社会不公和利益冲突。只有这样，才可以从源头处把握项目规划方案的真实性和可靠性。③受益评价合理化。评审项目规划方案多采用专家评审纸质版书面材料的方式，所做出的立项评审意见很有可能出现偏颇。为了使专家对项目计划执行情况和未来新情况有预判性，除常规性项目立项评审外，还应该增加受益评价环节，将项目区相关利益人群引入项目立项评审体系中来，通过专家感知并对其所关注的问题实施系统性聆听，保证其所关注的问题被了解且被考虑到项目立项决策之中。

第三，加强沟通。强化各方信息沟通主要是加强政府的社会性沟通、专家的决策性沟通和咨询方的咨询性沟通。①政府的社会性沟通。政府的社会性沟通是一种单向的、书面式的沟通，通常由政府逐级传递，而各方的反馈信息很难进行反向传导。因此，强化政府的社会性沟通十分必要。一方面，设立专职的社会性沟通岗位，传递信息，也接受反馈信息，实现信息双向传递。另一方面，丰富社会性沟通渠道，利用项目热线、项目听证会等多种形式，及时地公开、公布和公示信息。②专家的决策性沟通。专家有较强的专业技能和专业知识，可以为政府提供项目立项决策服务。为了更好地发挥专家研判作用，专家的决策性沟通十分必要。一方面专家实地考察，了解项目背景信息，帮助政府提供更好地决策服务；另一方面，专家可以采用项目会议、工作报告等信息公开方式，把项目向项目区推介。③咨询方的咨询性沟通。作为提供专业咨询服务的第三方机构，咨询方的咨询性沟通影响着项目的工程质量和运行绩效。为了更好地进行咨询性沟通，咨询方应该一方面深入实际，获取项目区真实信息；另一方面对先进技术保持高度敏锐性，二者相结合，并以第三方独立视角，才可以做出令人信服的科学论证和技术说明。

9.2.2 实施利益相关者联合，提高项目建设质量

建设期，合格的建设工程实体要求利益相关者建立良好的协作关系，相互配合、互相规制，形成合力，在以上级政府、基层政府、专家为核心、理想状态的农村沼气工程"投—建"分离尚未真正实现的情况下，联合是一种非常有效的利益相关者管理方式。第7章分析指出，联合是焦点利益相关者与优势个体建立有利于行使特权的联合关系过程，它不仅强调合作，促使双方形成合力，而且倡导激励，调动各方积极性。

9.2.2.1 强调合作

合作产生联合，是特定关系双方的融入和融合。在非对称性关系中，焦点利益相关者可以从合作中获取更多的资源。为了更好地实现合作，应该在明确特点关系双方职能权限的基础上，促使资源共享。

（1）明确特定关系双方职能权限。与一方制定决策、另一方服从管理的传统管理模式不同，联合要求特定关系双方权责清晰，只有这样，才可以享有相应的权力、承担相应的义务，更好地应对各种突发状况。这就必须从制度层面上消除双方职责权限模糊地带，厘清边界。只有边界清楚，市场规律才可以充分发挥，行政权力才可以有效运行，各方才符合合理行为。

（2）促使特定关系双方资源共享。促进特点关系双方资源共享，联席会议就是一种很好的做法。联席会议由特定关系双方主要负责人组成，通过定期召开工作会议，促使双方公开坦诚交流、互通信息，制定共同目标。可以说，联席会议在时空上极大程度地拓展了双方以多种灵活方式进行合作的可能性，有助于形成合力、整合资源，以对环境刺激做出快速反应。

9.2.2.2 加强激励

联合会对个别利益相关者造成一定的威胁，适当的激励可以有效缓解它们的消极履职行为。激励的方式有很多，除了经济性手段外，非经济手段也是行之有效的。

（1）经济激励。对于企业来说，它为项目提供了有偿服务，收取一定的报酬是合理的。较低的收益不仅不会降低工程建设成本，而且会产生价格竞争，进而演变为成本竞争，最终使企业陷入相互残杀的低效率循环，难以为项目建设精细化提供支撑。考虑到成本投入和投资风险，可以采用收费指导价、税收优惠、货币补贴等多种方式进行正向激励。

（2）非经济激励。共同愿景是特定关系双方的共同的意象，它不是抽象

的，而是一种为之奉献的任务、事业或使命，有强大的凝聚力。共同愿景可以使特定关系双方形成相同的身份认同和一致的行为方式，以制约个体机会主义形式。构筑共同愿景，应该开展更有包容性的对话，加深特定关系双方中的一方对另一方的各种利益偏好的认识与诠释，促使双方协调一致，并在这一过程中自觉地内化为共识目标。

9.2.2.3　培育信任

无论是特定关系双方，还是其他各方，实施联合后，它们联系更加紧密。为了使它们彼此依赖，信任发挥了黏合剂的作用（常荔，2002）。如今很多研究都预设自组织网络系统的运行逻辑是信任，且许多经验研究也都证实了这一观点（刘霞，良向云，2006）。然而，各方的非人际信任和传统的人际信任有本质上的区别，它不再产生于模式化的人际互动，而是合作中多次动态博弈的结果（冯志鹏，2001）。可以说，信用表现为信息，信用管理也就是信息管理。公开、充分和透明的信息可以制约个体机会主义行为，敦促其信守承诺（刘霞，向良云，2006）。同时，现代的网络技术与信息技术的发展则为信息共享和信用管理提供了可操作性的技术平台，为信息获取、信息分析、信息评价以及信用状态披露提供了强有力的技术手段。共享性信息平台是跨组织、跨部门、跨专业的信息资源集成平台，可以对各种信息进行集成，并提供随时的信息索引和信息处理。这种方式不仅可以有效减少特定关系双方中一方对另一方行为认知的不确定性，帮助一方对另一方行为做出稳定合理的预期，而且可以敦促特定关系双方强化自我管理，促使行业自律和他律，规避各种潜在的机会主义行为的发生。

9.2.3　明确利益相关者收益分享，提升项目运营绩效

第8章分析指出，明确利益相关者收益分享，以沼气价格规制、集中供气补贴、沼肥补贴和废弃物有偿处理等方式在相关利益主体间建立起稳定的利益连接关系，加深相互合作，促进互相支持，使资源流动更加顺畅，资源互补优势更加凸显，进一步释放项目运营绩效。

9.2.3.1　沼气价格规制

沼气是联合项目业主和沼气用户的关键要素之一，作为一种清洁能源，我国"十三五"规划提出大力发展沼气产业，鼓励沼气消费。目前，沼气价格并非由市场决定，过低的沼气价格挫伤了业主的沼气生产积极性，影响了沼气可持续供应。对此，本书认为应该实行沼气价格规制，并可以从下述两点入手。

（1）建立沼气定价模式，增加沼气供应量。沼气价格规制是为了使项目业主获取稳定的现金流，以维持正常的合理利润。如果仍然沿用项目业主和沼气用户以讨价还价方式来调整沼气价格的话，很容易延误沼气价格调整时机，影

响项目成本回收，所以应该由政府定价部门根据当地沼气价格和竞争能源价格及时地调整沼气价格。在沼气价格测算方面，可以采用竞争导向定价法作为主要参考方向，同时参考历史年沼气价格，最终确定沼气市场价格，改变现行沼气定价的随意性。

（2）建立沼气服务体系，稳定沼气需求量。沼气价格规制意味着与能源市场上的竞争能源相比，沼气失去了价格优势，必然要求项目业主自发地提高沼气服务质量以保持现有的竞争优势，避免沼气用户流失。沼气服务体系是提供优质化沼气服务的一种组织形式，它可以为沼气用户提供日常维护、安全使用、隐患排除、配件更新、综合利用等方面的服务。对比竞争能源无售后或者售后不及时，集管理、经营、服务于一体的沼气服务体系可以有效地创造良好的用户体验，规避沼气用户流失风险。

9.2.3.2　集中供气补贴

参照世界先进国家的普遍做法，在加大财政资金补贴的同时，引导社会资本进入，更好地促进沼气商品化、产业化、市场化发展。

（1）加大补贴力度，调整补贴方向。以补贴集中供气成本为基础，综合考虑农村能源安全、农业产业化发展要求、财政资金承受力度等因素，适当地增加财政补贴力度和扩大财政补贴范围。同时，重视补贴的后续绩效评估和运行风险控制，通过现场检查和非现场检查等方式，建立与激励相配套的约束机制，以遏制项目运行过程中的套取财政补贴现象，保障财政资金发挥最大效率。

（2）引导社会资本，开展市场运作。为了引导社会资本进入沼气行业，政府应当完善农村沼气工程融资环境，为之提供政策性信息和政策性担保，降低社会资本的信息搜寻成本和违约追偿成本。同时，政府应该鼓励社会资本的主体多元化和方式多样化，支持金融信贷机构加大对沼气领域的信贷投放力度，倡导融资性担保机构在同等条件下优先为沼气事业提供贷款担保服务等。

9.2.3.3　沼肥补贴

沼肥是联结项目业主和种植基地的一个关键变量。目前，沼肥施用率不高，除了与种植业者认知水平外，还与国家沼肥产业发展政策缺失有关。对此，本书提出下述两种做法。

（1）资金引导、政策支持。由政府相关职能部门制定有专门的沼肥补贴政策，对补贴对象、标准和流程加以明晰，使沼肥补贴制度化、规范化、透明化，避免财政补贴的逆向激励和负面影响。针对目前沼肥推广范围被限定于沼肥使用量达到一定标准的种植大户、农民专业合作社和农业龙头企业，推广范围过窄，应该加大补贴力度和扩大补贴范围。此外，为了严格把控沼肥市场，执行有机肥企业登记和监管制度，在鼓励安全、高效、经济的沼肥生产的同时，防止劣质有机肥扰乱市场。

（2）加大宣传、提升认识。针对种植业者对沼肥在耕地地力培育、农产品品质提升、生态循环农业发展等方面的重要作用认识不足的问题，各级政府应该把沼肥推广工作视为一项重要战略举措，扩大宣传，通过广播、电视、网络、报纸等途径阐释沼肥的重要作用，并通过农技站、土肥站等基层服务点提供沼肥施用技术信息，调动广大农户使用有机肥的积极性。

9.2.3.4 废弃物有偿处理

废弃物有偿处理在项目业主和养殖企业之间建立了一种新的利益连接关系，是一种解决经济外部性内部化的措施。由于它的激励作用与政府部门的监管效率和执法强度直接相关，所以废弃物有偿处理的实施必须完善环境法律制度，强化环保执法力度。

（1）完善环保法律制度。环保法律制度的缺失是导致养殖企业肆意排放畜禽废弃物，无意资源化处理废弃物的关键。完善的环保法律制度使养殖企业面临着缴纳排污费以获取排污权，与之相比，实施废弃物有偿处理更有吸引力。完善环保法律制度，对废弃物有偿处理的收费额度、收费范围、收费标准以及相关主体的权力和义务做明确规定和要求。同时，尽快找到一条符合本地区实际的废弃物有偿处理运作模式，以便更加有效地组织和实施。

（2）强化环保执法强度。废弃物有偿处理的正向激励作用与政府的监管力度和执法强度直接相关。各级政府应该着力于提高执法人员的专业技术水平和检测设备的先进性，以便更科学地关注养殖企业废弃物处理情况。对不配合、不达标、不处理的养殖企业，政府有权采用强制性勒令整改措施。除了高强度的执法监督外，废弃物有偿处理需要养殖企业的大力配合。养殖企业应该提高思想认识，转变污染治理行为，引导各种力量切实推进相关事务。

9.3 本书的创新之处

本书是在生命周期视角下对农村沼气工程利益相关者管理进行了探索性研究，并将这些研究成果在有代表性的典型案例中进行了实践性验证，取得了较为理想的效果，有一定创新性。这种创新性主要体现如下。

（1）凝练了在生命周期视角下开展利益相关者管理研究的基本框架。目前从生命周期视角出发，研究生命周期各阶段的利益相关者管理的相关文献几乎没有。然而，项目的生命周期是客观存在的，忽视生命周期特点会使很多规律被掩盖。对此，本书从生命周期理论出发，在"利益相关者识别—利益相关者管理"的逻辑下，系统性地开展了立项期利益相关者管理研究、建设期利益相关者管理研究、运营期利益相关者管理研究，形成了生命周期视角下利益相关者管理研究框架，有一定的借鉴意义。

（2）从超网络理论出发，建立了利益相关者超网络模型。综合业务活动与利益相关者两个分析视角，将业务活动与业务活动之间的业务网、业务活动与利益相关者之间的业务-主体网、利益相关者与利益相关者之间的主体网集结起来，形成了利益相关者超网络，刻画和描述了多个关系网络之间的相互作用，解决了在很多研究中将业务活动和利益相关者独立开来的问题，使得对利益相关者关系研究既考虑了利益相关者微观个体行为，又综合了项目宏观运作机制。

（3）在复杂加权网络模型基础上，建立了利益相关者资源加权网络模型。很多研究都关注了利益相关者之间的多种资源交换关系，通常采取的处理方式是赋利益相关者关系以权值。本书关注了形成于多种资源流动中的利益相关者关系，赋予不同的资源交换关系以不同的色度，使得利益相关者关系网络是多色度网络的合成和叠加，使得对利益相关者关系研究既可以从任一维度进行，也可以从多个维度进行。

（4）运用系统动力学分析方法，建立了运营期利益相关者系统动力学模型。该模型从成本收益视角，描述了影响利益相关者成本收益的最基本要素以及各要素之间的因果反馈控制关系，将业务活动和利益相关者纳入一个统一的分析框架之中，完成了对利益相关者的利益连接关系的定量化处理。

9.4　研究不足及下一步的研究方向

利益相关者管理研究始于 20 世纪 90 年代，研究历史十分短暂。本书在生命周期理论指导下运用多种分析方法相结合的研究为农村沼气工程利益相关者管理提供了一种新的选择，取得了一定创新性研究成果。然而，由于笔者能力所限，研究仍存在不足，有待开展进一步研究。

（1）利益相关者超网络模型描述了业务网、业务-主体网和主体网的相互作用和互相影响，本书假设业务网在短时期内不发生变动，即未考虑项目流程优化问题。在后续研究中，可进一步探讨当项目业务流动优化引起业务网变化时，超网络拓扑结构参数的变化规律。

（2）对利益相关者资源加权网络模型的研究，本书仅关注了中心性，选取了度数中心度、中介中心度、接近中心度三种最为常见的中心性指标，指标选取有局限性，可以进一步深入讨论密度、结构洞、凝聚子群等一些重要指标是否适用于这种由多个网络合成和叠加所形成的网络，所以利益相关者资源加权网络模型只是一个起点，其中的更多细节有待研究。

（3）利益相关者系统动力学模型强调在政策变量影响下的各主体以及整个系统的利润变化情况，并不关注如何使其中任一主体如何最大限度地降低成本和提高收益以实现利润最大化，后续研究可以引入更多的变量，探讨各主体如何在政策变量影响下实现自身利益最大化。

参 考 文 献

白利，2009. 基于全寿命周期的水利工程项目利益相关者分类管理探析[J]. 建筑经济
　　(S1)：98-100.

白玉文，姜俊嘉，2014. 浅析可持续发展下的林权制度改革[J]. 农业与技术 (9)：75.

毕贵红，王华，2008. 城市固体废物管理的系统动力学模型与分析[J]. 管理评论 (6)：55-
　　62，49，64.

边燕杰，张文宏，2001. 经济体制、社会网络与职业流动[J]. 中国社会科学 (2)：77-
　　89，206.

卜卫，1997. 试论内容分析方法[J]. 国际新闻界 (4)：56-60，69.

陈宏辉，贾生华，2004. 企业利益相关者三维分类的实证分析[J]. 经济研究 (4)：80-90.

陈鹏，薛恒新，刘明忠，2007. 基于项目生命周期的 ERP 绩效评价研究[J]. 科学学与科学
　　技术管理 (6)：139-143.

陈岩，周晓平，2009. 基于利益相关者分析的大型建设项目管理创新评价研究[J]. 科技管
　　理研究 (9)：123-125.

陈语谈，2017. 面向过程的高校专业建设项目管理研究——基于项目生命周期理论[J]. 高
　　教学刊 (1)：147-149.

程序，梁近光，郑恒受，等，2010. 中国"产业沼气"的开发及其应用前景[J]. 农业工程学
　　报 (5)：1-6.

楚金桥，2003. 国外企业共同治理的分析与借鉴[J]. 中州学刊 (5)：42-44.

党锋，毕于运，刘研萍，等，2014. 欧洲大中型沼气工程现状分析及对我国的启示[J]. 中国
　　沼气 (1)：79-83，89.

党兴华，李莉，2005. 技术创新合作中基于知识位势的知识创造模型研究[J]. 中国软科学
　　(11)：143-148.

邓良伟，2006. 规模化畜禽养殖废水处理技术现状探析[J]. 中国生态农业学报 (2)：23-26.

邓群钊，贾仁安，梁英培，2006. 循环经济生态系统的系统基模分析[J]. 生态经济 (7)：
　　64-68.

丁雄，王翠霞，贾仁安，2014. 系统发展对策生成的子系统流位反馈环结构分析法——以
　　银河杜仲经济生态系统现代农业区建设为例[J]. 系统工程理论与实践 (9)：2312-2321.

董仁杰，2017. 畜禽养殖粪污处理与资源化利用可行技术分析[J]. 饲料与畜牧 (23)：
　　26-28.

董士波，2003. 全过程工程造价管理与全生命周期工程造价管理之比较[J]. 经济师 (12)：
　　136-138.

杜鹏，2000. 浅析建设项目可行性研究存在的问题及其对策[J]. 开发研究（1）：23-24.

丰景春，张云华，薛松，2016. 水利基础设施领域公私合作伙伴项目全生命周期研究[J]. 水利经济（2）：1-5，83.

高喜珍，侯春梅，2012. 非经营性交通项目的社会影响评价研究——基于核心利益相关者视角[J]. 交通运输系统工程与信息（1）：12-16.

高展军，李垣，2006. 战略网络结构对企业技术创新的影响研究[J]. 科学学研究（3）：474-479.

管荣月，杨国桥，傅华锋，2009. 建筑工程项目利益相关者管理研究[J]. 中国高新技术企业（2）：130-132.

郭伟奇，孙绍荣，2013. 多环节可变主体行为监管的协调机制研究——以食品安全监管问题为例[J]. 工业工程与管理（6）：139-146.

何立华，2006. 钻井工程项目利益相关者关系[J]. 油气田地面工程（6）：13-14.

何威，石晓波，王涛，2010.BOT项目利益相关者管理探讨[J]. 安徽建筑（4）：158-159.

何晓晴，2007. 建筑业伙伴合作模式化程序与实施建议[J]. 广州大学学报（社会科学版）（7）：51-54.

胡文发，2008. Integration of Radio-Frequency Identification and 4D CAD in Construction Management [J]. Tsinghua Science and Technology (S1)：151-157.

胡志远，浦耿强，王成焘，2004. 木薯乙醇汽油车生命周期排放评价[J]. 汽车工程（1）：16-19.

黄黎，2010. 沼气制备车用燃料的实验研究[D]. 郑州：河南农业大学.

黄训江.2011. 集群知识网络结构演化特征[J]. 系统工程（12）：77-83.

蒋军锋，张玉韬，王修来，2010. 知识演变视角下技术创新网络研究进展与未来方向[J]. 科研管理（3）：68-77，133.

焦媛媛，付轼辉，沈志锋，2016. 全生命周期视角下PPP项目利益相关者关系网络动态分析[J]. 项目管理技术（8）：32-37.

乐承毅，徐福缘，顾新建，等，2013. 复杂产品系统中跨组织知识超网络模型研究[J]. 科研管理（2）：128-135.

李爱香，2014. 浙江新能源产业系统评价及补贴政策建议[J]. 价值工程（32）：23-27.

李红兵，李蕾，2004. 建设项目全生命期集成化管理的理论和方法[J]. 武汉理工大学学报（信息与管理工程版）（2）：204-207.

李建勋，解建仓，郭建华，2011. 基于复杂网络的研发团队核心层划分[J]. 科技进步与对策（9）：5-9.

李菁华，李雪，2008. 论高技术产业集群的网络治理机制[J]. 科学管理研究（3）：32-35.

李明，2009. 论定量内容分析法在互联网研究中的应用——以1999—2008年SSCI收录的相关论文为例[J]. 新闻与传播评论（0）：119-128，260，269.

李明，2013. 定量内容分析法在中国大陆新闻传播研究中的运用——以2003—2012年CSSCI收录的新闻传播类来源期刊论文为例[J]. 新闻与传播研究（9）：50-64，127.

李伟，吴树彪，HamidouBah，等，2015. 沼气工程高效稳定运行技术现状及展望[J]. 农业机械学报（7）：187-196，202.

李文华，刘某承，闵庆文，2010. 中国生态农业的发展与展望[J]. 资源科学（6）：1015-1021.

李心合，2001. 面向可持续发展的利益相关者管理[J]. 当代财经（1）：66-70.

李颖，孙永明，李东，等，2014. 中外沼气产业政策浅析[J]. 新能源进展（6）：413-422.

李永奎，乐云，何清华，等，2012. 基于 SNA 的复杂项目组织权力量化及实证[J]. 系统工程理论与实践（2）：312-318.

李长玲，魏绪秋，崔斌，等，2015. 2004—2013 年我国图书情报学科研合作网络结构特征分析[J]. 情报杂志（3）：119-124，143.

李志红，2002. 关于网络的哲学研究概况[J]. 哲学动态（4）：35-38.

李忠波，黄素文，2003. 盘锦市发展生态农业循环经济模式探讨[J]. 环境保护科学（2）：51-52.

林斌，洪燕真，戴永务，等，2009. 规模化养猪场沼气工程发展的财政政策研究[J]. 福建农业学报（5）：478-483.

刘国靖，孙林岩，2003. 项目选择与确定过程中的风险管理研究[J]. 研究与发展管理（6）：43-48.

刘文昊，张宝贵，陈理，等，2012. 基于外部性收益的畜禽养殖场沼气工程补贴模式分析[J]. 可再生能源（8）：118-122.

刘向东，2011. 基于利益相关者的土地整理项目共同治理模式研究[D]. 北京：中国地质大学.

刘向东，郭碧君，郭毛选，2012. 土地整理项目利益相关者界定与分类研究[J]. 安徽农业科学（26）：13129-13133，13181.

刘刘，郑丹，王兰，等，2014. 畜禽粪污处理沼气工程现状调研及问题分析[J]. 中国猪业（z1）.

卢立昕，刘易平，王昌海，2017. 朱鹮自然保护区周边农户沼气使用意愿研究——基于陕西洋县沼气农户数据的实证分析[J]. 中国沼气（1）：87-92.

栾春娟，2013. 网络中心性指标在技术测度中的应用[J]. 科技进步与对策（3）：10-13.

罗晓光，溪璐路，2012. 基于社会网络分析方法的顾客口碑意见领袖研究[J]. 管理评论（1）：75-81.

罗佐县，汪如朗，2009. 如何弥补我国石油供需缺口？[J]. 中国石油企业（8）：49-51，11.

吕萍，胡欢欢，郭淑苹，2013. 政府投资项目利益相关者分类实证研究[J]. 工程管理学报（1）：39-43.

马世超，2009. 基于利益相关者和生命周期的建设项目动态风险管理研究[J]. 建筑管理现代化（2）：176-179.

迈克尔·麦金尼斯，2000. 多中心治道与发展[M]. 毛寿龙，译. 上海：上海三联书店.

闵师界，黄叙，邱坤，等，2013. 养殖场沼气工程补贴政策的经济学解析[J]. 中国沼气（1）：33-37.

牛静敏，2010. 我国房地产项目利益相关者影响力分析[J]. 经济论坛（3）：11-14.

潘丹，2016. 基于农户偏好的牲畜粪便污染治理政策选择——以生猪养殖为例[J]. 中国农村观察（2）：68-83，96-97.

庞科，陈京民，2011. 社会网络结构洞在网络参政领袖分析中的应用[J]. 武汉理工大学学报（信息与管理工程版）（1）：86-89.

平亮，宗利永，2010. 基于社会网络中心性分析的微博信息传播研究——以 Sina 微博为例[J]. 图书情报知识（6）：92-97.

戚安邦，2004. 项目管理范式的全面转变及其原因分析——现代项目管理模式与传统项目管理模式的比较研究[J]. 项目管理技术（3）：1-4.

邱均平，邹菲，2004. 关于内容分析法的研究[J]. 中国图书馆学报（2）：14-19.

任勇，吴玉萍，2005. 中国循环经济内涵及有关理论问题探讨[J]. 中国人口·资源与环境（4）：131-136.

沈岐平，杨静，2010. 建设项目利益相关者管理框架研究[J]. 工程管理学报（4）：412-419.

沈涛涌，2009. 建筑施工项目利益相关者合作机制研究——以宁波东部新城 D1-2A 项目为例[D]. 济南：山东大学.

盛峰，戚安邦，王进同，2008. 政府投资项目利益相关者博弈与合作伙伴关系管理模式研究[J]. 生产力研究（7）：86-88.

石晓波，徐茂钰，2017. 轨道交通 PPP 项目干系人分类研究——基于全生命周期视角[J]. 工程管理学报（2）：74-78.

史蒂文·F. 沃克，杰弗里·E. 马尔，2003. 利益相关者权力[M]. 赵宝华，刘彦平，译. 北京：经济管理出版社.

孙芳，2013. 现代农牧业纵横一体化综合效益及创新模式——以北方农牧交错带为例[J]. 中国农业资源与区划（2）：69-73.

锁利铭，马捷，2014. "公众参与"与我国区域水资源网络治理创新[J]. 西南民族大学学报（人文社会科学版）（6）：145-149.

童华晨，2017. 基于大飞机项目全生命周期的产学研合作模式研究[J]. 领导科学论坛（3）：69-70.

涂国平，冷碧滨，2010. 基于博弈模型的"公司＋农户"模式契约稳定性及模式优化[J]. 中国管理科学（3）：148-157.

王翠霞，贾仁安，邓群钊，2007. 中部农村规模养殖生态系统管理策略的系统动力学仿真分析[J]. 系统工程理论与实践（12）：158-169.

王飞，蔡亚庆，仇焕广，2012. 中国沼气发展的现状、驱动及制约因素分析[J]. 农业工程学报（1）：184-189.

王辉，2011. 业务流程模块化度影响下的业务流程外包激励契约设计[D]. 天津：南开大学.

王火根，李娜，梁弋雯，2018. 农业循环经济模型构建与政策优化[J]. 农业技术经济（2）：64-76.

王进，许玉洁，2008. 项目成功标准研究的动态演变与启示[J]. 经济管理（12）：80-86.

王进，许玉洁，2009. 大型工程项目利益相关者分类[J].铁道科学与工程学报（5）：77-83.

王君泽，王雅蕾，禹航，等，2011. 微博客意见领袖识别模型研究[J].新闻与传播研究（6）：81-88，111.

王陆，2009. 虚拟学习社区的社会网络结构研究[D].兰州：西北师范大学.

王琴，2012. 网络治理的权力基础：一个跨案例研究[J].南开管理评论（3）：91-100.

王蕊，2008. 建设项目利益相关者协调管理研究[D].长沙：中南大学.

王淑宝，张国栋，曹曼，2009. 欧洲大型沼气工程技术国产化方法探讨[J].中国沼气（2）：42-44.

王延安，杨锦秀，2006. 农业循环经济与新农村建设——基于未参与农业循环经济农户个体行为分析[J].农村经济（11）：110-113.

王众托，王志平，2008. 超网络初探[J].管理学报，2008（1）：1-8.

温秋红，姜海凤，2014. 煤制天然气成本与竞争力分析[J].煤炭经济研究（4）：36-40.

武晶，2010. 基于全生命周期的热电联产项目风险管理研究[D].哈尔滨：哈尔滨工程大学.

武澎，王恒山，2012. 基于超网络的知识服务能力评价研究[J].情报理论与实践（8）：93-96.

肖雪，周静，2013. 老龄化背景下我国公共图书馆老年服务状况的调查与分析——基于内容分析法的实证研究[J].图书情报知识（3）：16-27.

谢琳琳，杨宇，2012. 公共投资建设项目参与主体影响力研究[J].科技进步与对策（18）：21-25.

熊飞龙，朱洪光，石惠娴，等，2011. 关于农村沼气集中供气工程沼气价格分析[J].中国沼气（4）：16-19.

胥轶，陈敬良，宗利永，2016. 我国省域文化产业行业布局差异化研究——基于政策文本内容的 2-模网络分析[J].技术与创新管理（1）：82-88.

徐广姝，2006. 基于过程集成的工程项目集成化管理研究[D].天津：天津大学.

徐泽水，2004. 基于期望值的模糊多属性决策法及其应用[J].系统工程理论与实践（1）：109-113，119.

颜红艳，2007. 建设项目利益相关者治理的经济学分析[D].长沙：中南大学.

杨广芬，2007. 基于变分不等式的闭环供应链超网络研究[D].大连：大连海事大学.

杨瑞龙，周业安，1998. 论利益相关者合作逻辑下的企业共同治理机制[J].中国工业经济（1）：38-45.

杨晓，2017. 全生命周期视角下基础设施类 PPP 项目利益相关者分析[J].中国集体经济（1）：55-57.

杨晓玲，封新彦，王歆，2003. 从兼顾利益相关者差别利益角度确立企业财务目标[J].价值工程（1）：73-74.

杨雪莹，2017. III 类医疗器械研发项目的全生命周期管理研究[D].青岛：青岛科技大学.

于洋，党延忠，2009. 组织人才培养的超网络模型[J].系统工程理论与实践（4）：154-160.

袁振宏，吕鹏梅，孔晓英，2006. 生物质能源开发与应用现状和前景[J].生物质化学工程

（S1）：13-21.

张华，张向前，2014. 个体是如何占据结构洞位置的：嵌入在网络结构和内容中的约束与激励[J]. 管理评论（5）：89-98.

张辉平，2006. 南海石化工程中的项目利益相关者管理[J]. 石油化工建设（6）：15-17.

张露，2009. 刍议我国项目管理的现状及发展[J]. 科协论坛（下半月）（8）：152-153.

张野，2003. 石化建设项目利益相关者间冲突研究[D]. 大连：大连理工大学.

郑昌勇，张星，2009. PPP 项目利益相关者管理探讨[J]. 项目管理技术（12）：39-43.

郑传斌，丰景春，鹿倩倩，等，2017. 全生命周期视角下关系治理与契约治理导向匹配关系的实证研究——以 PPP 项目为例[J]. 管理评论（12）：258-268.

郑鹏升，孙永波，2007. 煤炭企业安全生产现状研究[J]. 商业经济（3）：68-70.

周翔，2010. 内容分析法在网络传播研究中抽样问题——以五本国际期刊为例（1998—2008）[J]. 国际新闻界（8）：86-92.

朱丽，2008. 基于利益相关者的建设项目全过程造价管理[J]. 山西建筑（17）：271，276.

朱小龙，2017. 合同能源管理项目全生命周期风险评价研究[D]. 合肥：合肥工业大学.

Afush，2013. Are network effects really all about size? The role of structure and conduct [J]. Stragetic Management Journal（3）：257-273.

Ansell，Chris，Reckhow，et al.，2009. How to Reform a Reform Coalition：Outreach，Agenda Expansion，and Brokerage in Urban School Reform [J]. Policy Studies Journal（4）：717-743.

Atsushi Tanaka，2006. Stakeholder analysis of river restoration activity for eight years in a river channel [J]. Biodiversity and Conservation（8）：2787-2811.

Barrat Alain，Barthélemy Marc，Vespignani Alessandro，2004. Weight edevolving networks：coupling topology and weight dynamics [J]. Physical Review Letters（22）：228701.

Blair M M，1995. Owner-ship and Control：Rethinking Corporate Governance for the 21st Century [M]. Washington DC：Brookings Institute.

Campbell A，2009. Social networks in industrial organization [J]. Massachusetts Institute of Technology.

Charkham J P，1992. Corporate governance：lessons from abroad [J]. European Business Journal（2）：8.

Chinyio Ezekiel，Olomolaiye Paul，2009. Construction Stakeholder Management [M]. Wiley-Blackwell.

Coleman J S，1994. Foundations of social theory [M]. Harvard university press.

Donaldson T，Dunfee T W，1994. Toward a unified conception of business ethics：Integrative social contracts theory [J]. Academy of Management Review（2）：252-284.

Donaldson T，Preston L E，1995. The stakeholder theory of the corporation：Concepts，evidence，and implications [J]. Academy of Management Review（1）：65-91.

Dong J，Zhang D，Yan H，et al.，2005. Multitiered supply chain networks：multicriteria decision—making under uncertainty [J]. Annals of Operations Research (1): 155-178.

Dorogovtsev S N, Mendes J F F, Samukhin A N, 2000. Structure of growing networks with preferential linking [J]. Physical Review Letters (21): 4633.

Frantz T L, 2012. Advancing Complementary and Alternative Medicine through Social Network Analysis and Agent-Based Modeling [J]. Forschende Komplementrmedizin / Research in Complementary Medicine (Suppl. 1): 36-41.

Frederick, William Crittenden, 1992. Business and society: corporate strategy, public policy, ethics [M]. McGraw-Hill Book Co.

Freedman Darcy A, Bess Kimberly D, 2011. Food systems change and the environment: local and global connections [J]. American journal of community psychology (3-4): 397-409.

Freeman R E, Evan W M, 1990. Corporate Governance: A Stakeholder Interpretation [J]. Journal of Behavioral Economics (4): 337-359.

Grace D, Gilbert J, Lapar M L, et al. , 2011. Zoonotic Emerging Infectious Disease in Selected Countries in Southeast Asia: Insights from Ecohealth [J]. Ecohealth (1): 55-62.

Granovetter M S, 1984. Economic Action and Social Structure: The Problem of Embeddedness [J]. Administrative Science Quarterly (19): 481-510.

Guo T J, 2004. The Technical Development Trends in Making Use of Cellulose for Fuel Ethanol Manufacturing in U. S. and Japan [J]. Energy Technology.

Hughes P, 2004. Content Analysis: An Introduction to Its Methodology [BookReview] [J]. RMIT Publishing.

Huse M, Eide D, 1996. Stakeholder Management and the Avoidance of Corporate Control [J]. Business &. Society (2): 211-243.

Jensen M C, Meckling W H, 1979. Theory of the Firm: Managerial Behavior, Agency Costs, and Ownership Structure [J]. Springer Netherlands.

Karlsen J T, 2002. Project Stakeholder Management [J]. Project Management Journal (4): 19-24.

Karlsen J T, K Græe, Massaoud M J, 2008. Building trust in project-stakeholder relationships [J]. Baltic Journal of Management (1): 7-22.

Koch L, 1977. An application of hierarchical kappa-type statistics in the assessment of majority agreement among multiple observers [J]. Biometrics (2): 363-374.

Laplume A O, Sonpar K, Litz R A, 2008. Stakeholder Theory: Reviewing a Theory That Moves Us [J]. Journal of Management (6): 1152-1189.

Lin, Nan, Ensel, et al. , 1981. Social Resources and Strength of Ties: Structural Factors in Occupational Status Attainment [J]. American Sociological Review (4): 393-405.

Magdalena G, Satish J, Maclean H L, 2009. Areview of U. S. and Canadian biomass supply studies [J]. Bioresources (1): 341-369.

Maxwell Philip, Archie B, Carroll and Ann B. Buchholtz, 2001. Business and Society: Ethics and Stakeholder Management，fourth edition [J]. Teaching Business Ethics（1）.

Mcaneney H，Mccann J F，Prior L，et al. ，2010. Translating evidence into practice：A shared priority in public health？[J]. Social Science & Medicine（10）：1492-1500.

Mikulskiene B，2012. Design of Committees for R&D Policy Making：Advice Versus Interest Representation [J]. Transformations in Business & Economics（3）：138-154.

Mintzberg H，1983. Power in and Around Organizations [M]. Englewood Cliffs，NJ：Prentice-Hall.

Mitchell R K，Agle B，1997. Toward a Theory of Stakeholder Identification and Salience：Defining the Principle of who and What Really Counts [J]. Academy of Management Review（4）：853-886.

Nagurney A，Dong J，2002. Supernetworks：decision-making for the information age [M]. Elgar，Edward Publishing，Incorporated.

Nerkar A，Paruchuri S，2005. Evolution of R&D capabilities：The role of knowledge networks within a firm [J]. Management science（5）：771-785.

Nguyen N H，Skitmore M，Wong J K W，2009. Stakeholder impact analysis of infrastructure project management in developing countries：a study of perception of project managers in state-owned engineering firms in Vietnam [J]. Construction Management and Economics（11）：1129-1140.

Nowell B，2020. Out of sync and unaware？ Exploring the effects of problem frame alignment and discordance in community collaboratives [J]. Journal of Public Administration Research and Theory（1）：91-116.

Olander S，Landin A，2005. Evaluation of stakeholder influence in the implementation of construction projects [J]. International Journal of Project Management（4）：321-328.

Oriol Sallenta，Ramon Palaub & Jaume Guiab，2011. Exploring the Legacy of Sport Events on Sport Tourism Networks [J]. European Sport Management Quarterly（4）：397-421.

Park H，Leydesdorff L，2009. Knowledge linkage structures in communication studies using citation analysis among communication journals [J]. Scientometrics（1）：157-175.

Paruchuri S，2010. Intraorganizational networks，interorganizational networks，and the impact of central inventors：A longitudinal study of pharmaceutical firms [J]. Organization Science（1）：63-80.

Patacchini E，Zenou Y，2008. The strength of weak ties in crime [J]. European Economic Review（2）：209-236.

Pfeffer J，Salancik G R，2003. The external control of organizations：A resource dependence perspective [M]. Stanford University Press.

Philipp Aerni，Allan Rae，Bernard Lehmann，2008. Nostalgia versus Pragmatism？ How attitudes and interests shape the term sustainable agriculture in Switzerland and New Zealand [J]. Food Policy（2）：227-235.

Polanco López de Mesa J A, 2011. Determiners of an organizational system network for the rural development of tourism in Antioquia (Colombia) [J]. Cuadernos de Desarrollo Rural (67): 251-274.

Post J E, Lawrence A T, Weber J, 2002. Business and society: Corporate strategy, public policy, ethics [M]. McGraw-Hill Companies.

Powell W W, Koput K W, Smith-Doerr L, 1996. Interorganizational Collaboration and the Locus of Innovation: Networks of Learning in Biotechnology [J]. Administrative Science Quarterly (41): 116-145.

Prell C, Hubacek K, Quinn C, et al. , 2008. 'Who's in the network?' When stakeholders influence data analysis [J]. Systemic Practice and Action Research (6): 443-458.

Prell C, Hubacek K, Reed M, 2009. Stakeholder analysis and social network analysis in natural resource management [J]. Society and Natural Resources (6): 501-518.

Prell C, Reed M, Racin L, et al. , 2010. Competing structure, competing views: the role of formal and informal social structures in shaping stakeholder perceptions [J]. Ecology and Society (4) .

R. Edward Freeman, 2010. Strategic Management [M]. Cambridge University Press.

R. Edward Freeman, David L Reed, 1983. Stockholders and Stakeholders: A New Perspective on Corporate Governance [J]. California Management Review (3): 93-94.

Reinholt M I A, Pedersen T, Foss N J, 2011. Why a central network position isn't enough: The role of motivation and ability for knowledge sharing in employee networks [J]. Academy of Management Journal (6): 1277-1297.

Richard Swedberg, 1994. Book Reviews: Networks: Ronald S. Burt: Structural Holes: The Social Structure of Competition. Cambridge: Harvard University Press, 1992 [J]. Acta Sociologica (4) .

RobinCowan, NicolasJonard, 2003. Network structure and the diffusion of knowledge [J]. Journal of Economic Dynamics and Control (8): 1557-1575.

Rowley T J, 1997. Moving beyond dyadic ties: A network theory of stakeholder influences [J]. Academy of management Review (4): 887-910.

Sallent O, Palau R, Guia J, 2011. Exploring the legacy of sport events on sport tourism networks [J]. European Sport Management Quarterly (4): 397-421.

Scott W R, 2012. The institutional environment of global project organizations [J]. Engineering Project Organization Journal (1-2): 27-35.

Sheffi Y, 1984. Urban Transportation Networks: Equilibrium Analysis with Mathematical Programming Methods [M].

Stein C, Ernstson H, Barron J, 2011. A social network approach to analyzing water governance: The case of the Mkindo catchment, Tanzania [J]. Physics and Chemistry of the Earth, Parts A/B/C (14-15): 1085-1092.

Uzzi B，1997. Social structure and competition in interfirm networks：The paradox of embeddedness [J]. Administrative Science Quarterly (2)：35-67.

Vance-Borland K，Holley J，2011. Conservation stakeholder network mapping，analysis，and weaving [J]. Conservation Letters (4)：278-288.

Vandenbroucke D，Crompvoets J，Vancauwenberghe G，et al.，2009. A Network Perspective on Spatial Data Infrastructures：Application to the Sub-national SDI of Flanders (Belgium) [J]. Transactions in GIS (13)：105-122.

Walker G，Kogut B，Shan W，1997. Social capital，structural holes and the formation of an industry network [J]. Organization Science (2)：109-125.

Wang G X，2012. A network approach for researching political feasibility of healthcare reform：The case of universal healthcare system in Taiwan [J]. Social Science & Medicine (12)：2337-2344.

Wang Z，Wang H，Zou Y，et al.，2009. Research of green supply chain supernetwork model based on variational inequalities [C] // 2009 International Conferenceon Management and Service Science. IEEE：1-4.

Wang Z，Zhang F，Wang Z，2007. Research of return supply chain supernetwork model based on variational inequalities [C] // 2007 IEEE International Conference on Automation and Logistics. IEEE：25-30.

Wasserman S，1994. Advances in social network analysis：Research in the social and behavioral sciences [M]. Sage.

Wheele rD，Sillanpa M，1998. Including the stakeholders：The business case [J]. Long Range Planning (2)：201-210.

Xu Lin，2010. Identifying Peer Effects in Student Academic Achievement by Spatial Autoregressive Models with Group Unobservables [J]. Journal of Labor Economics.

Yook S H，Jeong H，Barabási A L，et al.，2001. Weighted evolving networks [J]. Physical Review Letters (25)：5835.

附　　件

附件1

农村沼气工程利益相关者特征维度的专家问卷表

调查日期：___年___月___日

地址：___省___市___县

各位专家：

我们正在进行一项学术性课题调查工作，旨在了解农村沼气工程利益相关者特征。希望您能抽出宝贵时间，给我们提供如下真实信息，答案也无对错之分。我们保证这些数据资料只是用于学术性研究，并在任何时候都不会公开您的信息。

一、背景资料（请您将相应的编号填入空格中）

1. 性别：___。

①男　　　　　　②女

2. 您的年龄：___。

①20～30岁　　②31～40岁　　③41～50岁　　④51岁以上

3. 您从事沼气工程已有___年。

①1～5年　　②6～10年　　③11～20年　　④20年以上

二、农村沼气工程利益相关者特征维度的初选清单

目前，国内外学者从很多维度来认识利益相关者，笔者对其进行了整理，制作了农村沼气工程利益相关者特征维度初选清单，见于表1。

表1　利益相关者特征维度初选清单

维度	维度定义	维度	维度定义
合法性	操作规范或者业务流程的不可或缺性	主动性	项目实施的积极性
权力性	实现项目决策力的方法或手段	重要性	影响目标实现的能力
急迫性	利益要求希望得到关注和满足的程度	利益性	实现利益要求的程度

（续）

维度	维度定义	维度	维度定义
影响性	项目决策的地位、资源、能力、手段	风险性	发生损失的可能性
态度	持有的积极或者消极的观点	谈判能力	博弈能力
获取信息能力	持有的信息优势	责任	承担的职能或者任务
参与度	参与项目实施的程度		

三、农村沼气工程利益相关者特征维度的选择

请您依据上述定义，从表 2 中 13 个利益相关者特征维度中选择 3 个，以 √ 表示。

表 2　农村沼气工程利益相关者特征维度的选择

维度	选择（以√表示）	维度	选择（以√表示）
合法性		主动性	
权力性		重要性	
急迫性		利益性	
谈判能力		风险性	
责任		态度	
影响性		获取信息能力	
参与度			

附件2

农村沼气工程利益相关者特征分析的调查问卷表

调查日期：＿＿年＿＿月＿＿日

地址：＿＿省＿＿市＿＿县

各位朋友：

我们正在进行一项学术性课题调查工作，旨在了解农村沼气工程利益相关者特征。希望您能抽出宝贵时间，给我们提供如下真实信息，答案也无对错之分。我们保证这些数据资料只是用于学术性研究，并在任何时候都不会公开您的信息。

一、背景资料（请您将相应的编号填入空格中）

1. 性别：＿＿。

①男　　　　　　　②女

2. 您的年龄：＿＿。

①20～30 岁

②31～40 岁

③41～50 岁

④51 岁以上

3. 您从事沼气工程已有＿＿＿年。

①1～5 年

②6～10 年

③11～20 年

④20 年以上

4. 您的工作性质：＿＿。

①工程建筑公司

②工程监理公司

③政府

④设备供应公司

⑤专家团队

二、农村沼气工程的生命周期

农村沼气工程生命周期是农村沼气工程从立项、建设直至运营期满的全过程。为了便于管理和控制，可以将之划分为一系列阶段，如表1所示。

表 1　沼气工程生命周期阶段性划分

阶段	主要的业务活动	阶段	主要的业务活动	阶段	主要的业务活动
1. 立项期	1.1　发布项目规划意见 1.2　转递项目规划意见 1.3　开具资金持有证明 1.4　办理土地租赁协议 1.5　订立产供合同 1.6　编制项目规划方案 1.7　初审项目规划方案 1.8　送审项目规划方案 1.9　评审项目规划方案 1.10　发布项目立项结果	2. 建设期	2.1　项目招标 2.2　项目施工 2.3　资金拨付 2.4　设备供应 2.5　工程监理 2.6　项目竣工	3. 运营期	3.1　原料供应 3.2　产品生产 3.3　产品供应

三、农村沼气工程的利益相关者

一般来说，农村沼气工程利益相关者是指那些在农村沼气工程生命周期中对项目进行了专用性资产投入并承担一定的风险的组织和个人，其活动可以对项目产生影响或者受到项目影响。图1为生命周期各阶段的利益相关者。

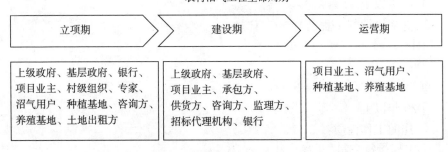

图 1　农村沼气工程生命周期各阶段的利益相关者

四、农村沼气工程利益相关者特征维度

利益相关者特性有很多维度，这里选取了权力性、合法性和急迫性，其定义如下。

（1）权力性。权力是一种手段、影响力和压力的综合，用以达到权力拥有者的目的，如权威、酬谢、制裁等。这里被定义为权威和地位，以及由此所获得的使他者必须听令于自己的能力。通俗地讲，若 A 具有权力性，那么 A 可以要求 B 做某事；反之，如果 A 没有权力性，那么 B 就没有必要遵照 A 的指令行事。

（2）合法性。在任何制度体系中，制度会通过合法性机制对人类活动产生影响，它有三个层面：第一，实用合法性，是指合法性主体能够得到他者的支持。第二，道德合法性，是指合法性主体被视为有价值的。第三，认识合法性，是指合法性主体被视为是必须的或者必不可少的。通俗地讲，若 A 具有合法性，那么 A 是不可缺少的；反之，A 不具有合法性。

（3）急迫性。急迫性是希望要求得到关注和满足的迫切愿望。通俗地讲，若 A 有急迫性，A 的要求和愿望必须马上得到满足；反之，A 不具有急迫性。

五、农村沼气工程利益相关者特征的专家评分表

请您依据上述定义，从权力性、合法性和急迫性这三个维度出发，对表 2 中生命周期各阶段利益相关者特征分别进行排序。以立项期为例，立项期有 11 个利益相关者，在权力性维度上，若您认为该者权力性越高，则评分值越低。也就是说，1 表明该者的权力性最高，以此类推，11 表明该者的权力性最低。

表 2　农村沼气工程利益相关者特征的专家评分表

1. 立项期				2. 建设期				3. 运营期			
利益相关者	利益相关者特征维度			利益相关者	利益相关者特征维度			利益相关者	利益相关者特征维度		
	权力性	合法性	权力性		权力性	合法性	急迫性		权力性	合法性	急迫性
1.1　上级政府				2.1　监理方				3.1　项目业主			
1.2　基层政府				2.2　项目业主				3.2　种植基地			
1.3　咨询方				2.3　上级政府				3.3　养殖基地			
1.4　专家				2.4　基层政府				3.4　沼气用户			
1.5　银行				2.5　招投标代理机构				—	—	—	—
1.6　沼气用户				2.6　咨询方				—	—	—	—
1.7　种植基地				2.7　承包方				—	—	—	—
1.8　土地出租方				2.8　银行				—	—	—	—
1.9　村级组织				2.9　供货方				—	—	—	—
1.10　养殖基地				—	—	—	—	—	—	—	—
1.11　项目业主											

附件3

立项期文字记录汇编

编号	名称	发表时间及公文编号	来源
1	中华人民共和国水污染防治法	2017/6/27	http：// www. zhb. gov. cn/gzfw _ 13107/zcfg/fl/201803/t20180309 _ 432235. shtml
2	中华人民共和国固体废物污染环境防治法	2016/11/7	http：// zfs. mep. gov. cn/fl/200412/t20041229 _ 65299. htm
3	中华人民共和国环境保护法	2014/4/24	http：// sjj. jc. gansu. gov. cn/art/2017/3/28/art _ 18844 _ 316957. html
4	中华人民共和国节约能源法	2016/7/2	http：// www. zhb. gov. cn/gzfw _ 13107/zcfg/fg/xzfg/201610/t20161008 _ 365106. shtml
5	中华人民共和国环境影响评价法	2016/9/1	http：hdhbj. bjhd. gov. cn/zfxxgk/fgwj/fl/hjbhf/201706/t2017060. htm
6	中华人民共和国农产品质量安全法	2015/4/24	http：// www. 360doc. com/content/17/0427/10/21817113 _ 649028633. shtml
7	中华人民共和国可再生能源法	2009/12/26	http：// tech. hqew. com/news _ 1180553
8	中华人民共和国清洁生产促进法	2012/2/9	http：// baijiahao. baidu. com/s? id=1605543601407948160&. wfr=spider&. for=pc
9	中华人民共和国农业法	2012/12/28	http：// baijiahao. baidu. com/s? id=1596244829764907827&. wfr=spider&. for=pc
10	中华人民共和国农业技术推广法	2016/11/01	http：// www. anrenzf. gov. cn/armh/15/33/134/256/263/content _ 24886. html
11	中华人民共和国畜禽规模养殖污染防治条例	643 号令	http：// www. gov. cn/flfg/2013-11-26/content _ 2535095. htm
12	中华人民共和国基本农田保护条例	257 号令	https：// www. unjs. com/fanwenwang/ziliao/511138. html
13	关于投资体制改革的决定	2017/12/25	http：// www. nenjiang. gov. cn/system/201712/155206. html

（续）

编号	名称	发表时间及公文编号	来源
14	关于推进农业废弃物资源化利用试点的方案	2016/8/11	http：// www. moa. gov. cn/govpublic/FZJHS/ 201609/t20160919 _ 5277846. htm
15	关于发展高产优质高效农业的决定	2010/12/19	http：// www. people. com. cn/item/flfgk/gw-yfg/1992/112401199244. html
16	关于进一步加强农村沼气建设的意见	2012/3/8	http：// www. zhaoqiweb. com/zhaoqibiaozhun/ a20141617918. html
17	关于加快推进农作物秸秆综合利用的意见	发改环资〔2015〕2651 号	http：// www. ndrc. gov. cn/zcfb/zcfbtz/201511/ t20151125 _ 759523. html
18	关于开展农业建设前期工作加强项目储备的通知	农办计〔2008〕45 号	http：// www. moa. gov. cn/nybgb/2008/dqq/ 201806/t20180611 _ 6151616. htm
19	关于加快发展现代农业进一步增强农村发展活力的若干意见	国办函〔2013〕34 号	http：// www. gov. cn/zhengce/content/2013-02/16/content _ 2738. htm
20	关于加快推进生态文明建设的意见	2015/5/5	http：// www. mnw. cn/news/china/901156. html
21	关于全程开展农作物秸秆综合利用试点技术支撑的通知	农办财〔2016〕39 号	http：// www. moa. gov. cn/govpublic/CWS/ 201605/t20160530 _ 5154758. htm
22	关于做好国家农业综合开发项目的申报通知	国农办〔2016〕46 号	http：// nfb. mof. gov. cn/zhengwuxinxi/zhengce-fabu/xiangmuguanlilei/201610/t20161024. html
23	关于推进农业废弃物资源化利用试点的方案	农计发〔2016〕90 号	http：// www. moa. gov. cn/govpublic/FZJHS/ 201609/t20160919 _ 5277846. htm
24	关于加强农业和农村节能减排工作的意见	2011/12/14	http：// jiuban. moa. gov. cn/zwllm/zcfg/nybgz/ 201112/t20111214. htm
25	关于发展生物质能源和生物化工财税扶持政策的实施意见	财建〔2006〕73 号	http：// www. chinatax. gov. cn/n810341/n810765/ n812183/n812826/c1196178/content. html
26	关于做好养殖业大中型沼气工程可行性研究报告和初步设计文件编制及审核工作的通知	2008/11/28	http：// zw. hainan. gov. cn/data/news/2015/ 05/40691/
27	农业部关于印发全国农村沼气工程建设规划的通知	农计发〔2007〕7 号	http：//www. 51wf. com/print-law? id=175013

（续）

编号	名称	发表时间及公文编号	来源
28	可再生能源产业发展指导目录	发改能源〔2005〕2517	http：// www. nea. gov. cn/2015-12/13/c _ 131 051692. htm
29	可再生能源发电有关管理规定	发改能源〔2006〕13 号	http：// www. ndrc. gov. cn/zcfb/zcfbtz/200602/ t20060206 _ 58735. html
30	可再生能源电价补贴和配额交易方案	发改价格〔2012〕3762 号	http：// www. nea. gov. cn/2012-12/05/c _ 1320 19782. htm
31	可再生能源电价附加补助资金管理暂行办法	财建〔2012〕102 号	http：// www. gov. cn/zwgk/2012-04/05/content _ 2107050. htm
32	可再生能源发电价格和费用分摊管理试行办法	发改价格〔2006〕7 号	http：// www. ndrc. gov. cn/fzgggz/jggl/zcfg/ 200601/t20060120 _ 57586. html
33	全国农村沼气服务体系建设方案	2007/4/4	http：// www. njliaohua. com/lhd _ 9s5p06iip07 zlrl1b2y0 _ 1. html
34	2015 年农村沼气工程转型升级工作方案	2015/04/23	http：// www. nea. gov. cn/2015-04/23/c _ 1341 77383. htm
35	农村沼气建设国债项目管理办法（试行）	2003/8/26	http：// www. redhongan. com/2011-12/16/cms 1036921article. shtml
36	全国农村沼气工程建设规划（2006—2010 年）	农计发〔2007〕7 号	http：// www. 51wf. com/print-law？id=175013
37	全国农村沼气发展"十三五"规划	发改农经〔2017〕178 号	http：// www. ndrc. gov. cn/zcfb/zcfbghwb/201702/ t20170210 _ 837549. html
38	能源发展战略行动计划（2014—2020 年）	国办发〔2014〕31 号	http：// www. nea. gov. cn/2014-12/03/c _ 1338 30458. htm
39	关于做好 2006 年农村沼气工程项目申报的通知	豫农能环〔2006〕3 号	河南省农村能源与环境保护总站
40	关于做好养殖业大中型沼气工程可行性研究报告和初步设计文件编制及审核工作的通知	豫农能环〔2006〕6 号	河南省农村能源与环境保护总站
41	河南省养殖业大中型沼气工程投资评审管理办法和细则（试行）	豫农能环〔2005〕7 号	河南省农村能源与环境保护总站

（续）

编号	名称	发表时间及 公文编号	来源
42	关于 2006 年度 HRWF 公司等大中型沼气工程建设实施方案的批复	豫农能环〔2006〕9 号	河南省农村能源与环境保护总站
43	河南省养殖业大中型沼气工程项目立项管理办法	豫能环〔2005〕35 号	河南省农村能源与坏境保护总站
44	河南省 2006 年度养殖业大中型沼气工程专家论证评审表	—	河南省农村能源与环境保护总站
45	关于 2006 年度 HRWF 公司等大中型沼气项目立项通知书	豫农能环〔2006〕103 号	河南省农村能源与环境保护总站
46	农村沼气工程可行性研究报告（报批稿）	2006/5/4	企业项目档案库
47	农村沼气工程可行性研究报告（报批稿）授权委托书	2006/2/4	企业项目档案库
48	企业营业执照	—	企业项目档案库
49	土地租赁协议	2006/5/12	企业项目档案库
50	土地使用权证明	—	企业项目档案库
51	畜禽生产经营许可证	—	企业项目档案库
52	税务登记证	—	企业项目档案库
53	HRWF 公司大中型沼气工程沼气使用合同书	—	企业项目档案库
54	HRWF 公司大中型沼气工程沼液和沼渣综合利用合同书		企业项目档案库

附件 4

HRWF 公司立项期利益相关者超网络模型中心性计算结果

表 1　HRWF 公司立项期利益相关者超网络模型中心性计算结果（优化前）

		s_1	s_2	s_3	s_4	s_5	s_6	s_7	s_8	s_9	s_{10}	s_{11}
同质节点度		4	5	7	1	1	1	1	1	1	1	1
异质节点度		3	2	9	1	1	1	1	2	2	2	4
联合中心度	绝对中心度	7	7	16	2	2	2	2	3	3	3	5
	相对中心度	0.350	0.350	0.800	0.100	0.100	0.100	0.100	0.150	0.150	0.150	0.250
同质中介度		0.200	0.000	0.833	0.000	0.000	0.000	0.000	0.000	0.000	0.000	0.033
异质性节点连接力		0.242	0.164	0.800	0.000	0.000	0.000	0.000	0.000	0.000	0.000	0.000
联合中介度		0.048	0.000	0.667	0.000	0.000	0.000	0.000	0.000	0.000	0.000	0.000

备注：s_1、s_2、s_3、s_4、s_5、s_6、s_7、s_8、s_9、s_{10}、s_{11}分别代表上级政府、基层政府、项目业主、专家、咨询方、土地出租方、银行、沼气用户、种植基地、养殖基地、村级组织。表 2 同。

表 2　HRWF 公司立项期利益相关者超网络模型中心性计算结果（优化后）

		s_1	s_2	s_3	s_4	s_5	s_6	s_7	s_8	s_9	s_{10}	s_{11}
同质节点度		4	5	7	1	1	1	1	4	4	4	1
异质节点度		6	5	9	4	4	1	1	6	6	6	4
联合中心度	绝对中心度	10	10	16	5	5	2	2	10	10	10	5
	相对中心度	0.500	0.500	0.800	0.250	0.250	0.100	0.100	0.500	0.500	0.500	0.250
同质中介度		1.500	0.500	18.75	0.500	0.500	0.000	0.000	2.917	2.917	2.917	0.5
异质性节点连接力		0.107	0.142	0.508	0.000	0.000	0.000	0.000	0.070	0.070	0.070	0.000
联合中介度		0.161	0.071	9.525	0.000	0.000	0.000	0.000	0.204	0.204	0.204	0.000

附件 5

建设期文字记录汇编

编号	名称	发表时间及公文编号	来源
1	关于实行建设项目法人责任制的暂行规定	计建设〔1996〕673 号	http：// blog. sina. com. cn/s/blog_5a4556b 50100bsxb. html
2	中华人民共和国招标法	1999/8/30	http：//www. 66law. cn/tiaoli/43. aspx
3	中华人民共和国建筑法	1998/3/1	http：// www. lawtime. cn/info/gongcheng/ zhongyangzhengcefagui/2011052315665. html? 1329207411
4	中华人民共和国合同法	1999/10/01	http：//www. 66law. cn/tiaoli/4. aspx
5	中华人民共和国消防法	2008/10/28	http：// www. china. com. cn/policy/txt/2008- 10/29/content_16680891. htm
6	中华人民共和国劳动生产法	2002/11/1	http：// www. gov. cn/banshi/2005-08/05/ content_20700. htm
7	中华人民共和国安全生产许可条例	2004/1/7	https：// baike. baidu. com/item/安全生产许可证条例/466191
8	中华人民共和国建设工程安全生产许可条例	国务院令（第 393 号）	http：// ishare. iask. sina. com. cn/f/36107522. html
9	中华人民共和国建设工程质量管理条例	国务院令（第 279 号）	https：// wenku. baidu. com/view/15afb0916c 175f0e7cd137a7. html
10	房屋建筑和市政基础设施施工分包管理办法	建设部令（第 19 号）	http：// www. mohurd. gov. cn/fgjs/jsbgz/ 201409/t20140919_219084. html
11	评标委员会和评标办法暂行规定	2001/7/5	https：// baike. baidu. com/item/评标委员会和评标方法暂行规定
12	房屋建筑和市政基础设施竣工验收备案管理办法	建设部令（第 78 号）	http：// www. 360doc. com/content/11/0211/ 17/4516644_92194154. shtml
13	房屋建筑和市政基础设施施工招标投标管理办法	建设部令（第 89 号）	http：// www. law-lib. com/lawhtm/2001/15351. htm
14	建设工程监理与相关收费管理规定	发改价格〔2007〕670 号	http：// www. 360doc. com/content/14/0729/ 21/17450326_397991232. shtml

（续）

编号	名称	发表时间及公文编号	来源
15	建设工程监理规范 GB 50319—2013	建标〔2004〕67 号	http：// sdbzgs. net/news/shownews18. html
16	监理人员行为规范	—	http：// jz. docin. com/p-753549839. html
17	农村沼气建设和使用考核评价办法	农办科〔2011〕20 号	http： // www. fjncpxh. com/bencandy. php? fid＝11&id＝1535
18	农村沼气工程建设管理条例	发改投资〔2013〕1238 号	http： // ledong. hainan. gov. cn/fwsn/nyzc/ 201605/t20160525 _ 2017278. html
19	农村沼气项目建设资金管理办法	财建〔2007〕434 号	https： // wenku. baidu. com/view/e14d9a916bec 0975f465e211. html
20	可再生能源发展专项资金管理暂行办法	财建〔2015〕87 号	http： // jjs. mof. gov. cn/zhengwuxinxi/zhengce- fagui/201504/t20150427 _ 1223373. html
21	可再生能源建筑应用专项资金管理暂行办法	财建〔2006〕460 号	http： // law. esnai. com/do. aspx? controller ＝ home&action＝show&lawid＝28071
22	秸秆能源化利用补助资金管理暂行办法	财建〔2008〕735 号	http： // news. hexun. com/2008-11-18/111375133. html
23	HRWF 公司工程建设项目招标代理协议书	—	企业项目档案
24	HRWF 公司农村沼气工程施工及监理招标公告	—	企业项目档案
25	HRWF 公司政府采购设备询价公告	—	企业项目档案
26	HRWF 公司询价采购工作记录	—	企业项目档案
27	HRWF 公司政府采购设备报价表	—	企业项目档案
28	HRWF 公司政府采购项目审批表	—	企业项目档案
29	HRWF 公司政府采购设备中标通知书	—	企业项目档案
30	HRWF 公司政府采购供货合同	—	企业项目档案

（续）

编号	名称	发表时间及公文编号	来源
31	HRWF 公司农村沼气工程施工及监理招标公告	—	企业项目档案
32	HRWF 公司农村沼气工程施工及监理投标文件	—	企业项目档案
33	HRWF 公司农村沼气工程的开标评标定标记录	—	企业项目档案
34	HRWF 公司农村沼气工程（施工中标通知书）	—	企业项目档案
35	HRWF 公司农村沼气工程施工报名表	—	企业项目档案
36	HRWF 公司集中供气工程施工评标报告	—	企业项目档案
37	HRWF 公司农村沼气工程施工唱标记录表	—	企业项目档案
38	HRWF 公司农村沼气工程施工建设发标记录表	—	企业项目档案
39	HRWF 公司集中供气工程施工建设发标记录表	—	企业项目档案
40	HRWF 公司农村沼气工程建设项目合同书	—	企业项目档案
41	HRWF 公司农村沼气工程工程监理报名表	—	企业项目档案
42	HRWF 公司集中供气工程工程监理评标报告	—	企业项目档案
43	HRWF 公司农村沼气工程工程监理唱标记录表	—	企业项目档案
44	HRWF 公司农村沼气工程工程监理发标记录表	—	企业项目档案
45	HRWF 公司集中供气工程施工工程监理发标表	—	企业项目档案

（续）

编号	名称	发表时间及公文编号	来源
46	HRWF 公司农村沼气工程（工程监理）公示	—	企业项目档案
47	HRWF 公司农村沼气工程工程监理中标通知书	—	企业项目档案
48	HRWF 公司农村沼气工程工程监理项目合同书	—	企业项目档案
49	HRWF 公司农村沼气工程（施工）公示	—	企业项目档案
50	HRWF 公司农村沼气工程开工报告	—	企业项目档案
51	HRWF 公司农村沼气工程工程监理报告	—	企业项目档案
52	HRWF 公司农村沼气工程的工程竣工报告报告	—	企业项目档案

附件 6

不同联合下的利益相关者资源加权网络

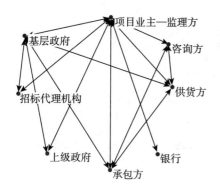

1. r色度下的利益相关者资源加权网络

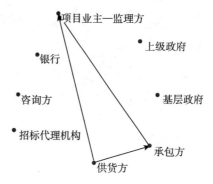

2. g色度下的利益相关者资源加权网络

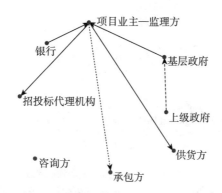

3. b色度下的利益相关者资源加权网络

图 1　项目业主—监理方联合下的利益相关者资源加权网络

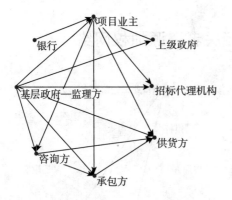

1. r色度下的利益相关者资源加权网络

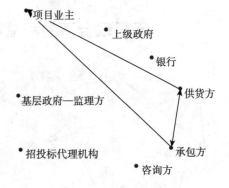

2. g色度下的利益相关者资源加权网络

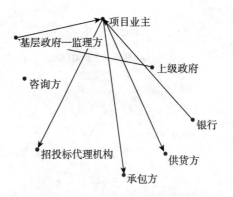

3. b色度下的利益相关者资源加权网络

图2　基层政府—监理方联合下的利益相关者资源加权网络

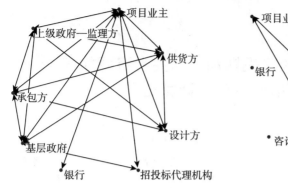

1. *r* 色度下的利益相关者资源加权网络

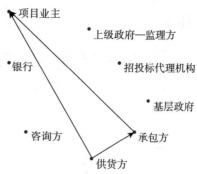

2. *g* 色度下的利益相关者资源加权网络

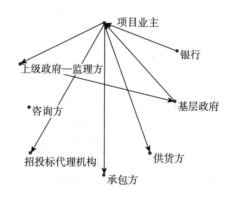

3. *b* 色度下的利益相关者资源加权网络

图 3　上级政府—监理方联合下的利益相关者资源加权网络

附件7

不同联合下的建设期利益相关者资源加权网络中心性分析计算结果

表1 项目业主—监理方联合下的中心性

	r色度下的建设期利益相关者资源加权网络					g色度下的建设期利益相关者资源加权网络					b色度下的建设期利益相关者资源加权网络				
	内向度	外向度	中介度	内向接	外向接	内向度	外向度	中介度	内向接	外向接	内向度	外向度	中介度	内向接	外向接
上级政府	2.00	2.00	0.00	12.00	12.00	0.00	0.00	0.00	56.00	56.00	0.00	1.00	0.00	56.00	28.00
基层政府	3.00	5.00	3.00	11.00	9.00	0.00	0.00	0.00	56.00	56.00	1.00	1.00	4.00	49.00	31.00
项目业主—监理方	7.00	7.00	26.33	7.00	7.00	2.00	0.00	0.00	42.00	56.00	2.00	3.00	9.00	36.00	35.00
承包方	4.00	3.00	0.33	10.00	11.00	1.00	2.00	0.00	49.00	42.00	0.00	0.00	0.00	32.00	56.00
供货方	4.00	4.00	0.33	10.00	11.00	0.00	0.00	0.00	49.00	42.00	0.00	0.00	0.00	32.00	56.00
咨询方	3.00	3.00	0.00	11.00	11.00	0.00	0.00	0.00	56.00	56.00	0.00	0.00	0.00	56.00	56.00
银行	1.00	1.00	0.00	12.00	13.00	0.00	0.00	0.00	56.00	56.00	0.00	1.00	0.00	56.00	31.00
招标代理机构	2.00	2.00	0.00	13.00	12.00	0.00	0.00	0.00	56.00	56.00	1.00	0.00	0.00	32.00	56.00

表2 项目业主—监理方联合下的中心性

	r色度下的建设期利益相关者资源加权网络					g色度下的建设期利益相关者资源加权网络					b色度下的建设期利益相关者资源加权网络				
	内向度	外向度	中介度	内向接	外向接	内向度	外向度	中介度	内向接	外向接	内向度	外向度	中介度	内向接	外向接
上级政府	2.00	2.00	0.00	12.00	12.00	0.00	0.00	0.00	56.00	56.00	0.00	1.00	0.00	56.00	28.00
基层政府—监理方	6.00	3.00	8.50	11.00	8.00	0.00	0.00	0.00	56.00	56.00	2.00	1.00	4.00	36.00	31.00
项目业主	7.00	7.00	16.83	7.00	7.00	2.00	0.00	0.00	42.00	56.00	2.00	4.00	10.00	36.00	28.00
承包方	4.00	4.00	0.33	10.00	11.00	1.00	2.00	0.00	49.00	42.00	1.00	0.00	0.00	32.00	56.00
供货方	4.00	4.00	0.00	11.00	11.00	0.00	0.00	0.00	49.00	42.00	0.00	0.00	0.00	32.00	56.00
咨询方	4.00	4.00	0.33	10.00	11.00	0.00	0.00	0.00	56.00	56.00	0.00	0.00	0.00	56.00	56.00
银行	2.00	2.00	0.00	12.00	12.00	0.00	0.00	0.00	56.00	56.00	0.00	1.00	0.00	56.00	25.00
招标代理机构	2.00	2.00	0.00	12.00	12.00	0.00	0.00	0.00	56.00	56.00	1.00	0.00	0.00	32.00	56.00

表3　上级政府—监理方联合策略下的中心性

	r 色度下的建设期利益相关者资源加权网络					g 色度下的建设期利益相关者资源加权网络					b 色度下的建设期利益相关者资源加权网络				
	内向度	外向度	中介度	内向接	外向接	内向度	外向度	中介度	内向接	外向接	内向度	外向度	中介度	内向接	外向接
上级政府—监理方	5.00	5.00	1.75	9.00	9.00	0.00	0.00	0.00	56.00	56.00	1.00	1.00	2.00	37.00	28.00
基层政府	3.00	5.00	2.00	11.00	9.00	0.00	0.00	0.00	56.00	56.00	1.00	1.00	4.00	38.00	25.00
项目业主	7.00	7.00	19.75	7.00	7.00	0.00	0.00	0.00	42.00	56.00	2.00	4.00	12.00	36.00	22.00
承包方	5.00	4.00	0.25	9.00	10.00	1.00	2.00	0.00	49.00	42.00	1.00	0.00	0.00	32.00	56.00
供货方	5.00	4.00	0.25	9.00	10.00	1.00	2.00	0.00	49.00	42.00	1.00	0.00	0.00	32.00	56.00
咨询方	4.00	4.00	0.00	10.00	10.00	0.00	0.00	0.00	56.00	56.00	0.00	0.00	0.00	56.00	56.00
银行	1.00	1.00	0.00	13.00	13.00	0.00	0.00	0.00	56.00	56.00	0.00	1.00	0.00	56.00	20.00
招标代理机构	2.00	2.00	0.00	12.00	12.00	0.00	0.00	0.00	56.00	56.00	1.00	0.00	0.00	32.00	56.00